2025
임용 전공물리
ster Key 시리즈

박문각 임용

동영상강의 www.pmg.co.kr

정승현
파동광학
현대물리학

정승현 편저

정승현
파동광학
현대물리학

이 책은 Master Key 시리즈 마지막 권입니다. 제가 책을 통해 이루고자 하는 바는 더욱더 효율적으로 물리를 이해하는 데 도움이 되는 것입니다. 할 말은 많지만 본 책에서는 뉴턴의 절대 시간과 공간의 개념을 송두리째 부수며 상대론을 탄생시킨 아인슈타인의 말로 마무리하고자 합니다.

'인생은 자전거를 타는 것과 같다.
균형을 잡으려면 움직여야 한다.'

– A. Einstein –

봄날의 따스함에 이어 초록의 기운이 넘치는 여름을 맞이하듯, 학습도 그렇게 성장하길 바랍니다.

저자 정승현

1. 벡터 및 좌표계

(1) 두 벡터의 내적(Inner product, scalar product, dot product)

두 벡터 $\vec{a}$, $\vec{b}$의 내적은 다음과 같이 정의된다.

$$\vec{a} = (a_1,\ a_2),\ \vec{b} = (b_1,\ b_2)$$
$$\vec{a} \cdot \vec{b} \equiv |\vec{a}||\vec{b}|\cos(\theta) = a_1 b_1 + a_2 b_2$$

벡터의 내적은 상대벡터로 연직선을 그렸을 때 두 벡터의 수평성분의 곱이다.

(2) 두 벡터의 외적(vector product, cross product)

두 벡터 $\vec{a}$, $\vec{b}$의 외적은 다음과 같이 정의된다.

$$\vec{a} \times \vec{b} \equiv |\vec{a}||\vec{b}|\sin(\theta)\vec{n}$$
$$\vec{a} \times \vec{b} = \begin{vmatrix} \hat{x} & \hat{y} & \hat{z} \\ a_x & a_y & a_z \\ b_x & b_y & b_z \end{vmatrix} = (a_y b_z - a_z b_y)\hat{x} + (a_z b_x - a_x b_z)\,\hat{y} + (a_x b_y - a_y b_x)\hat{z}$$

벡터의 외적은 두 벡터가 이루는 평행사변형의 넓이와 방향은 평행사변형과 수직한 방향이다. 회전 파트에서 주로 사용된다.

(3) 좌표계

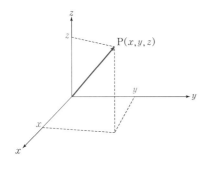

① **직교 좌표계**: x, y, z축 각 수직을 이루는 3차원 일반적인 좌표계이다. 평행이동 대칭성이 있어서 일반적인 병진운동에서 많이 활용된다.

직교 좌표계는 회전 대칭성과는 별개로 평행이동 대칭성을 관계에 있으므로 단위벡터를 시간에 대해 미분한 값 즉, $\dfrac{d\hat{x}}{dt} = \dfrac{d\hat{y}}{dt} = \dfrac{d\hat{z}}{dt} = 0$

- 단위벡터: $\hat{x}$, $\hat{y}$, $\hat{z}$
- 위치, 속도, 가속도

$$\vec{s} = \overrightarrow{OP} = (x,\ y,\ z) = x\hat{x} + y\hat{y} + z\hat{z}$$
$$\vec{v} = \frac{d\vec{s}}{dt} = (v_x,\ v_y,\ v_z) = \dot{x}\hat{x} + \dot{y}\hat{y} + \dot{z}\hat{z}$$
$$\vec{a} = \frac{d^2\vec{s}}{dt^2} = (a_x,\ a_y,\ a_z) = \ddot{x}\hat{x} + \ddot{y}\hat{y} + \ddot{z}\hat{z}$$

- 미소 부피: $dV = dx\,dy\,dz$

② **원통형 좌표계**: ρ, ϕ, z축 각 수직을 이루는 3차원 좌표계이다. x, y평면 회전 대칭성 및 z축 평행이동 대칭성이 있다.

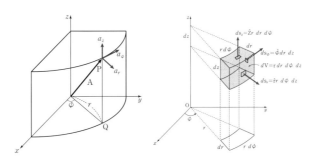

- **단위벡터 $\hat{\rho}$, $\hat{\phi}$, $\hat{z}$**: 원통형 좌표계에서 단위벡터 $\hat{\rho}$, $\hat{\phi}$는 회전 대칭성을 가지므로 회전하게 되면 시간에 따라 단위벡터의 방향이 바뀌게 된다. 즉, 시간에 대한 상수가 아니다.

- **위치, 속도, 가속도**

$$\vec{s} = \overrightarrow{OP} = (x,\ y,\ z) = (\rho\cos\phi,\ \rho\sin\phi,\ z) = \vec{\rho} + \vec{z} = \rho\,\hat{\rho} + z\hat{z}$$

$$\frac{d\vec{s}}{dt} = (\dot{\rho}\cos\phi - \rho\dot{\phi}\sin\phi,\ \dot{\rho}\sin\phi + \rho\dot{\phi}\cos\phi,\ \dot{z}) = \dot{\rho}\hat{\rho} + \rho\dot{\phi}(-\sin\phi, \cos\phi) + \dot{z}\hat{z}$$

$$\vec{v} = \frac{d\vec{s}}{dt} = \frac{d}{dt}(\vec{\rho} + \vec{z}) = \frac{d}{dt}(\rho\hat{\rho} + z\hat{z}) = \dot{\rho}\hat{\rho} + \rho\dot{\hat{\rho}} + \dot{z}\hat{z}$$

$$\vec{v} = \frac{d\vec{s}}{dt} = (v_\rho, v_\phi, v_z) = \dot{\rho}\hat{\rho} + \rho\dot{\phi}\hat{\phi} + \dot{z}\hat{z}$$

$$\therefore \dot{\hat{\rho}} = \dot{\phi}\hat{\phi}$$

$$\hat{\phi} = (-\sin\phi,\ \cos\phi)$$

$$\dot{\hat{\phi}} = \dot{\phi}(-\cos\phi,\ -\sin\phi) = -\dot{\phi}\hat{\rho}$$

$$\vec{a} = (a_\rho,\ a_\phi,\ a_z) = \frac{d}{dt}(\dot{\rho}\hat{\rho} + \rho\dot{\phi}\hat{\phi} + \dot{z}\hat{z})$$

$$= \ddot{\rho}\hat{\rho} + \dot{\rho}\dot{\hat{\rho}} + \dot{\rho}\dot{\phi}\hat{\phi} + \rho\ddot{\phi}\hat{\phi} + \rho\dot{\phi}\dot{\hat{\phi}} + \ddot{z}\hat{z}$$

$$= (\ddot{\rho} - \rho\dot{\phi}^2)\hat{\rho} + (\rho\ddot{\phi} + 2\dot{\rho}\dot{\phi})\hat{\phi} + \ddot{z}\hat{z}$$

- **미소 부피**: $dV = d\rho(\rho d\phi)dz = \rho\,d\rho d\phi dz$

③ 구면 좌표계: r, θ, ϕ축 각 수직을 이루는 3차원 좌표계이다. ϕ, θ회전 대칭성이 있다.

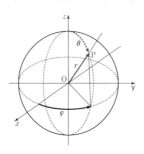
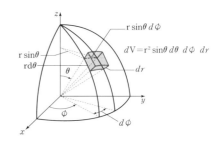

- 단위벡터: $r, \hat{\theta}, \hat{\phi}$구면 좌표계에서 $\hat{r}, \hat{\theta}, \hat{\phi}$는 회전 대칭성을 가지므로 회전하게 되면 시간에 따라 단위벡터의 방향이 바뀌게 된다. 즉, 시간에 대한 상수가 아니다.

- 위치, 속도

$$\vec{s} = \overrightarrow{OP} = (x, \ y, \ z) = (r\sin\theta\cos\phi, \ r\sin\theta\sin\phi, \ r\cos\theta) = r\hat{r}$$

$$\frac{ds}{dt} = (\dot{r}\sin\theta\cos\phi + r\dot{\theta}\cos\theta\cos\phi - r\dot{\phi}\sin\theta\sin\phi, \dot{r}\sin\theta\sin\phi + r\dot{\theta}\cos\theta\sin\phi + r\dot{\phi}\cos\phi, \ \dot{r}\cos\theta - r\dot{\theta}\sin\theta)$$

$$= \dot{r}\hat{r} + r\sin\theta\,\dot{\phi}(-\sin\phi, \cos\phi, 0) + r\dot{\theta}(\cos\theta\cos\phi, \cos\theta\sin\phi, -\sin\theta)$$

$$\vec{v} = \frac{d\vec{s}}{dt} = \dot{r}\hat{r} + r\dot{\hat{r}}$$

$$\vec{v} = \frac{d\vec{s}}{dt} = (v_r, \ v_\theta, \ v_\phi) = \dot{r}\hat{r} + r\dot{\theta}\hat{\theta} + r\sin\theta\dot{\phi}\hat{\phi}$$

$$\therefore \ \dot{\hat{r}} = \dot{\theta}\hat{\theta} + \sin\theta\dot{\phi}\hat{\phi}$$

- 미소 부피: $dV = dr(r\sin\theta d\phi)rd\theta = r^2\sin\theta\,drd\theta d\phi$

2. 미적분 공식

(1) 3차원 미분 연산자 $\triangledown$

① Gradint $\vec{\triangledown}f$: 기하적 의미는 특정 좌표에서 기울기를 의미한다.

- 직교좌표계$(x, \ y, \ z)$: $\triangledown f = (\frac{\partial f}{\partial x}, \ \frac{\partial f}{\partial y}, \ \frac{\partial f}{\partial z})$

- 원통좌표계$(\rho, \ \phi, \ z)$: $\triangledown f = (\frac{\partial f}{\partial \rho}, \ \frac{1}{\rho}\frac{\partial f}{\partial \phi}, \ \frac{\partial f}{\partial z})$

- 구면좌표계$(r, \ \theta, \ \phi)$: $\triangledown f = (\frac{\partial f}{\partial r}, \ \frac{1}{r}\frac{\partial f}{\partial \theta}, \ \frac{1}{r\sin\theta}\frac{\partial f}{\partial \phi})$

② Divergence $\overrightarrow{\nabla} \cdot \overrightarrow{F}$: 기하학적 의미는 특정 좌표계에서 각 좌표축 방향으로 이동 성분을 의미한다. 즉, 중심에 대해 퍼져나가는 성분을 말한다.

- 직교좌표계$(x,\ y,\ z)$: $\nabla \cdot F = \dfrac{\partial F_x}{\partial x} + \dfrac{\partial F_y}{\partial y} + \dfrac{\partial F_z}{\partial z}$

- 원통좌표계$(\rho,\ \phi,\ z)$: $\nabla \cdot F = \dfrac{1}{\rho} \dfrac{\partial}{\partial \rho}(\rho F_\rho) + \dfrac{1}{\rho} \dfrac{\partial F_\phi}{\partial \phi} + \dfrac{\partial F_z}{\partial z}$

- 구면좌표계$(r,\ \theta,\ \phi)$: $\nabla \cdot F = \dfrac{1}{r^2} \dfrac{\partial}{\partial r}(r^2 F_r) + \dfrac{1}{r\sin\theta} \dfrac{\partial}{\partial \theta}(\sin\theta F_\theta) + \dfrac{1}{r\sin\theta} \dfrac{\partial F_\phi}{\partial \phi}$

③ Curl $\overrightarrow{\nabla} \times \overrightarrow{F}$: 기하적 의미는 특정 좌표계에서 각 좌표축을 회전축으로 회전 성분을 의미한다. 즉, 중심에 대해 회전 성분을 말한다.

- 직교좌표계$(x,\ y,\ z)$

$$\nabla \times F = \begin{vmatrix} \hat{x} & \hat{y} & \hat{z} \\ \dfrac{\partial}{\partial x} & \dfrac{\partial}{\partial y} & \dfrac{\partial}{\partial z} \\ F_x & F_y & F_z \end{vmatrix} = \left(\dfrac{\partial F_z}{\partial y} - \dfrac{\partial F_y}{\partial z},\ \dfrac{\partial F_x}{\partial z} - \dfrac{\partial F_z}{\partial x},\ \dfrac{\partial F_y}{\partial x} - \dfrac{\partial F_x}{\partial y} \right)$$

- 원통좌표계$(\rho,\ \phi,\ z)$

$$\nabla \times F = \dfrac{1}{\rho} \begin{vmatrix} \hat{\rho} & \rho\hat{\phi} & \hat{z} \\ \dfrac{\partial}{\partial \rho} & \dfrac{\partial}{\partial \phi} & \dfrac{\partial}{\partial z} \\ F_\rho & \rho F_\phi & F_z \end{vmatrix} = \left(\dfrac{1}{\rho} \dfrac{\partial F_z}{\partial \phi} - \dfrac{\partial F_\phi}{\partial z} \right)\hat{\rho} + \left(\dfrac{\partial F_\rho}{\partial z} - \dfrac{\partial F_z}{\partial \rho} \right)\hat{\phi} + \left(\dfrac{1}{\rho} \dfrac{\partial}{\partial \rho}(\rho F_\phi) - \dfrac{1}{\rho} \dfrac{\partial F_\rho}{\partial \phi} \right)\hat{z}$$

- 구면좌표계$(r,\ \theta,\ \phi)$

$$\nabla \times F = \dfrac{1}{r^2 \sin\theta} \begin{vmatrix} \hat{r} & r\hat{\theta} & r\sin\theta\hat{\phi} \\ \dfrac{\partial}{\partial r} & \dfrac{\partial}{\partial \theta} & \dfrac{\partial}{\partial \phi} \\ F_r & rF_\theta & (r\sin\theta)F_\phi \end{vmatrix}$$

$$= \dfrac{1}{r\sin\theta} \left[\dfrac{\partial}{\partial \theta}(\sin\theta F_\phi) - \dfrac{\partial F_\theta}{\partial \phi} \right]\hat{r} + \dfrac{1}{r}\left[\dfrac{1}{\sin\theta} \dfrac{\partial F_r}{\partial \phi} - \dfrac{\partial}{\partial r}(rF_\phi) \right]\hat{\theta} + \dfrac{1}{r}\left[\dfrac{\partial}{\partial r}(rF_\theta) - \dfrac{\partial F_r}{\partial \theta} \right]\hat{\phi}$$

(2) 가우스 발산 법칙

$$\int \overrightarrow{\nabla} \cdot \overrightarrow{F} dV = \int \overrightarrow{F} \cdot d\overrightarrow{S}$$

가우스 발산 법칙은 벡터장 $\overrightarrow{F}$의 발산, 즉 뻗어나가는 성분을 알아내는데 사용된다.

(3) 스토크스 법칙

$$\int (\overrightarrow{\triangledown} \times \overrightarrow{F}) \cdot d\overrightarrow{S} = \int \overrightarrow{F} \cdot d\overrightarrow{l}$$

스토크스 법칙은 벡터장 $\overrightarrow{F}$의 회전 성분을 알아내는데 사용된다.

3. 행렬

1차식 $x + by = m$, $cx + dy = n$일 때 행렬로 표현하면

$$\begin{pmatrix} a\ b \\ c\ d \end{pmatrix} \begin{pmatrix} x \\ y \end{pmatrix} = \begin{pmatrix} m \\ n \end{pmatrix} \rightarrow \begin{pmatrix} x \\ y \end{pmatrix} = \begin{pmatrix} a\ b \\ c\ d \end{pmatrix}^{-1} \begin{pmatrix} m \\ n \end{pmatrix}$$

$$\begin{pmatrix} x \\ y \end{pmatrix} = \frac{1}{ad - bc} \begin{pmatrix} d\ -b \\ -c\ a \end{pmatrix} \begin{pmatrix} m \\ n \end{pmatrix}$$

복잡한 1차 방정식의 해를 동시에 구하거나 해의 존재성을 판명할 때 사용된다.

※ 회전 변환

$$\begin{pmatrix} x' \\ y' \end{pmatrix} = \begin{pmatrix} \cos\theta\ -\sin\theta \\ \sin\theta\ \ \cos\theta \end{pmatrix} \begin{pmatrix} x \\ y \end{pmatrix} \qquad \begin{pmatrix} x' \\ y' \end{pmatrix} = \begin{pmatrix} \cos\theta\ \ \sin\theta \\ -\sin\theta\ \cos\theta \end{pmatrix} \begin{pmatrix} x \\ y \end{pmatrix}$$

▲ 점의 회전 변환   ▲ 좌표축의 회전 변환

4. 삼각함수 공식

(1) 피타고라스 정리

- $\cos^2\theta + \sin^2\theta = 1$
- $1 + \tan^2\theta = \sec^2\theta$
- $1 + \cot^2\theta = \csc^2\theta$

(2) 삼각함수 합차 공식

- $\sin(\alpha + \beta) = \sin\alpha\cos\beta + \cos\alpha\sin\beta$
- $\sin(\alpha - \beta) = \sin\alpha\cos\beta - \cos\alpha\sin\beta$
- $\cos(\alpha + \beta) = \cos\alpha\cos\beta - \sin\alpha\sin\beta$
- $\cos(\alpha - \beta) = \cos\alpha\cos\beta + \sin\alpha\sin\beta$
- $\tan(\alpha + \beta) = \dfrac{\tan\alpha + \tan\beta}{1 - \tan\alpha\tan\beta}$
- $\tan(\alpha - \beta) = \dfrac{\tan\alpha - \tan\beta}{1 + \tan\alpha\tan\beta}$

(3) 삼각함수 두배각 공식

- $\sin2\theta = 2\sin\theta\cos\theta$
- $\cos2\theta = \cos^2\theta - \sin^2\theta$
  $\quad\quad = 2\cos^2\theta - 1$
  $\quad\quad = 1 - 2\sin^2\theta$
- $\tan2\theta = \dfrac{2\tan\theta}{1 - \tan^2\theta}$

(4) 삼각함수 반각 공식

- $\cos^2\theta = \dfrac{1 + \cos2\theta}{2}$
- $\sin^2\theta = \dfrac{1 - \cos2\theta}{2}$

(5) 삼각함수 합성 공식

- $\sin A + \sin B = 2\sin\left(\dfrac{A+B}{2}\right)\cos\left(\dfrac{A-B}{2}\right)$
- $\sin A - \sin B = 2\cos\left(\dfrac{A+B}{2}\right)\sin\left(\dfrac{A-B}{2}\right)$
- $\cos A + \cos B = 2\cos\left(\dfrac{A+B}{2}\right)\cos\left(\dfrac{A-B}{2}\right)$
- $\cos A - \cos B = -2\sin\left(\dfrac{A+B}{2}\right)\sin\left(\dfrac{A-B}{2}\right)$

차례

정승현
파동광학
현대물리학

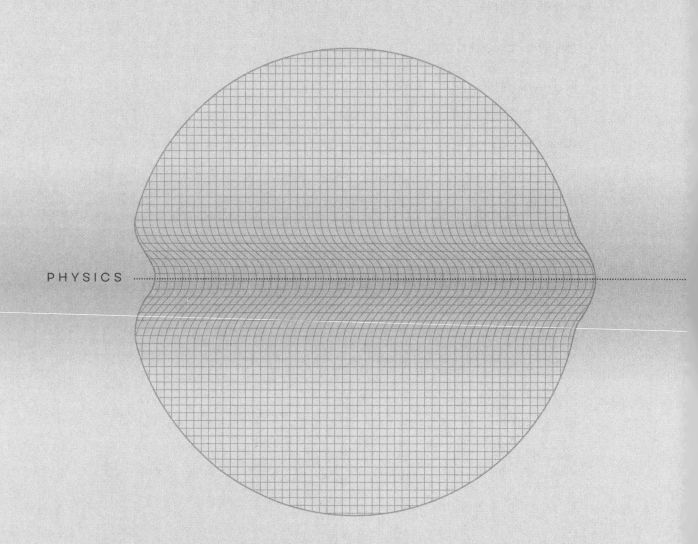

PHYSICS

파동광학

Chapter 01

파동광학 기본 성질

01 원천전하(ρ)와 전류(J)가 없는 공간에서 전자기학 파동방정식

1. 맥스웰 방정식

(1) $\nabla \cdot E = \dfrac{\rho}{\epsilon_0} = 0$

(2) $\nabla \times E = -\dfrac{\partial B}{\partial t}$

(3) $\nabla \cdot B = 0$

(4) $\nabla \times B = \mu_0 J + \mu_0 \epsilon_0 \dfrac{\partial E}{\partial t} = \mu_0 \epsilon_0 \dfrac{\partial E}{\partial t}$

2. $\nabla \times (\nabla \times A) = \nabla(\nabla \cdot A) - \nabla^2 A$

벡터 항등식을 이용하자.

식 (2)에 회전 연산자를 적용하면

$\nabla \times (\nabla \times E) = -\dfrac{\partial}{\partial t}(\nabla \times B)$

$\nabla(\nabla \cdot E) - \nabla^2 E = -\dfrac{\partial}{\partial t}\left(\mu_0 \epsilon_0 \dfrac{\partial E}{\partial t}\right)$

$\nabla^2 E = \mu_0 \epsilon_0 \dfrac{\partial^2 E}{\partial t^2}$

식 (4)에 회전 연산자를 적용하면

$\nabla \times (\nabla \times B) = \mu_0 \epsilon_0 \dfrac{\partial}{\partial t}(\nabla \times E)$

$\nabla(\nabla \cdot B) - \nabla^2 B = \mu_0 \epsilon_0 \dfrac{\partial}{\partial t}\left(-\dfrac{\partial B}{\partial t}\right)$

$\nabla^2 B = \mu_0 \epsilon_0 \dfrac{\partial^2 B}{\partial t^2}$

3. 일반적인 파동방정식

$$\nabla^2 f(r,\ t) = \frac{1}{v^2}\frac{\partial^2 f(r,\ t)}{\partial t^2}$$

공간을 통해 빠져나가는 전자기파는 전기장의 파동과 자기장의 파동 형태로 나아간다. 그리고 속력은

$c = \dfrac{1}{\sqrt{\mu_0 \epsilon_0}}$ 상수이다. 전자기파가 빛이므로 진공에서의 빛의 속력이다(특수상대론 탄생 배경). 그리고 앞

에서 포인팅 벡터 $S = \dfrac{E \times B}{\mu_0}$ 가 빠져나가는 에너지의 방향을 설명하였으므로 전기장의 진동 방향과 자기장

의 진동 방향은 전자기파의 전파 방향과 항상 수직을 이룬다.

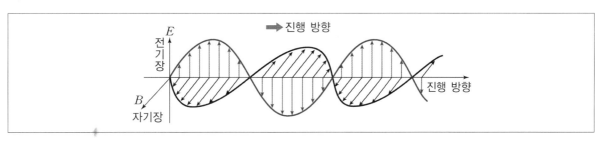

02 빛의 세기와 포인팅 벡터의 관계

빛의 세기 I는 단위 면적당 단위 시간당 에너지 방출을 의미한다. 포인팅 벡터는 단위 면적당 단위 시간당 빠져나가는 전자기파 에너지 벡터를 의미한다. 그런데 $S = \dfrac{E \times B}{\mu_0}$ 는 전기장과 자기장의 파동의 형태로 기술되어 있다. 전자기파는 진동이므로 진동의 에너지 세기를 구할 때는 시간 평균값을 고려해야 한다. 즉, 전기장과 자기장이 진동함에 따라 포인팅 벡터의 크기 역시 시간에 따라 변한다.

> 빛의 세기: $I = |\langle S \rangle_t|$

예를 들어 z축으로 나아가는 전자기파를 고려해 보자.

$E = E_0 \sin(kz - \omega t)\hat{x}$

$B = B_0 \sin(kz - \omega t)\hat{y}$

$S = \dfrac{E \times B}{\mu_0} = \dfrac{E_0 B_0 \sin^2(kz - \omega t)}{\mu_0}\hat{z}$

$I = |\langle S \rangle_t| = \dfrac{E_0 B_0}{2\mu_0} = \dfrac{1}{2c\mu_0}E_0^2 = \dfrac{c\epsilon_0}{2}E_0^2$

03 조화 파동의 수학적 표현

파동의 진동 에너지가 매질을 통해 주위로 이동시키는 파동을 진행파(traveling wave)라 한다. 파동의 진행 방향이 x축에 나란하다고 하면, 진행 방향은 $+x$축 방향 / $-x$축 방향 즉, 양쪽 방향으로 나뉜다.

※ 파동이 진행하지 않고 정체되어 있는 파동을 정상파(standing wave)라 한다.

진동 방향 y축, 진행 방향 $+x$축인 진행 파동(traveling wave) 함수

$$y(x,\ t)=y_m\sin(kx-\omega t+\phi)$$

($\because\ y_m$: 진폭, k : 각파동수, ω : 각진동수, ϕ : 위상상수(위상각), $kx-\omega t+\phi$: 위상(Phase))

진동 방향 y축, 진행 방향 $-x$축인 파동 함수

$$y(x,\ t)=y_m\sin(kx+\omega t+\phi)$$

일반적인 진행 파동 함수

$$y(x,\ t)=y(kx\pm\omega t)$$

파동의 속력은 혼동하기 쉬운데 두 가지가 존재한다. 첫 번째로 매질의 진동 속력이 있고 두 번째로 우리가 흔히 알고 있는 파동에너지의 진행 속력이 있다. 야구장에서 응원 파도를 할 때 사람이 앉았다가 일어나는 속력이 진동 속력이고, 응원 물결이 이동하는 속력을 파동의 진행 속력이라 한다.

1. 매질의 진동 속력

진동 속력은 파동 함수 변위의 시간적 변화 값이다.

$y=A\sin(kx-\omega t+\phi)$일 때 $v_{진동}=\dfrac{dy}{dt}=-A\omega\cos(kx-\omega t+\phi)$가 된다.

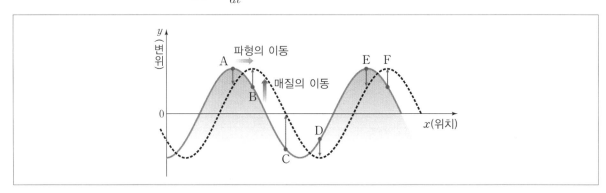

2. 파동의 진행 속력

진행 속력은 착각하면 안 된다. 매질이 직접 이동하는 것이 아니라 파동의 에너지가 이동하는 것이다. 파동의 진행 변위는 시간변화량이다. 여기서 파동 함수 $y = A\sin(kx + \omega t + \phi)$가 파동의 진동 변위라 하면 진행 변위는 수식에서 x값을 의미한다.

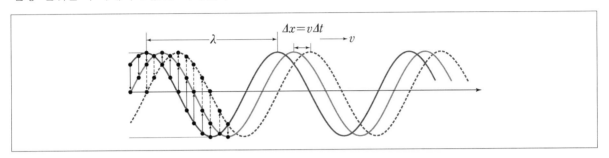

마루의 이동은 x와 t가 변해도 위상값은 일정하므로 $kx - \omega t + \phi = k(x + \Delta x) - \omega(t + \Delta t) + \phi$

$k\Delta x = \omega\Delta t$

$$v = \frac{\Delta x}{\Delta t} = \frac{\omega}{k}$$

파동의 기본 : 진행 속력 $v = \dfrac{\omega}{k} = \dfrac{\lambda}{T} = \lambda f$

04 빛의 표현

전기장의 진동축을 x, 자기장의 진동축을 y, 진행 방향을 z라 하면

$$\vec{E}(z,\ t) = \vec{E_0}e^{i(\vec{k}\cdot\vec{r} - \omega t)} = E_0\hat{x}e^{i(kz - \omega t)}$$

$$\vec{B}(z,\ t) = \vec{B_0}e^{i(\vec{k}\cdot\vec{r} - \omega t)} = B_0\hat{y}e^{i(kz - \omega t)}$$

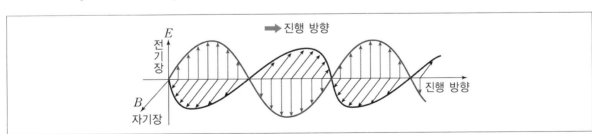

$$\text{에너지 진행 방향 벡터}: \vec{k} = (k_x,\ k_y,\ k_z)$$

$$\text{공간 벡터}: \vec{r} = (x,\ y,\ z)$$

$$\text{공간위상}: \vec{k} \cdot \vec{r} = k_z z$$

에너지 보존법칙으로부터 전기장의 진폭과 공간 성분의 관계: $P = IA \propto E_0^2 A$

1. 평면파

A가 진행 방향 r에 대해서 상수이다.

$$\vec{E}(z,\ t) = \vec{E_0}\, e^{i(\vec{k}\cdot\vec{r} - \omega t)}$$

따라서 $|\vec{E_0}| = $ 일정

2. 구면파

$$A = 4\pi r^2$$

$P = IA \propto E_0^2 A$ 로부터 $E_0 \propto \dfrac{1}{r}$

3. 원통형 파

$A = 2\pi r L$ ➡ 진행 방향 r에 대해 비례한다.

$P = IA \propto E_0^2 A$ 로부터 $E_0 \propto \dfrac{1}{\sqrt{r}}$

예제 1 다음 그림과 같이 굴절률이 n인 매질에서 이동하는 평면파의 각진동수가 $\omega = 3 \times 10^8 \text{[rad/s]}$이다.

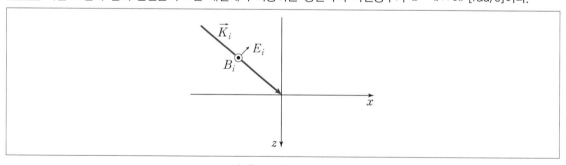

$t = 0$일 때, 전기장 $\vec{E_i} = 10\left(\dfrac{1}{2}\hat{x} - \dfrac{\sqrt{3}}{2}\hat{z}\right)e^{\,i\sqrt{3}\left(\frac{\sqrt{3}}{2}x + \frac{1}{2}z\right)}$이다. 매질의 굴절률 n과 매질 내부에서 빛의 파장 λ을 각각 구하시오. (단, 진공에서 빛의 속력은 $c = \dfrac{1}{\sqrt{\mu_0 \epsilon_0}} = 3 \times 10^8 \text{[m/s]}$이다.)

05 간섭과 회절

간섭 ➡ 2개 이상의 빛이 중첩되어 보강 또는 상쇄되는 현상

회절 ➡ 빛이 새로운 틈이나 벽을 만나 벽에서는 반사가 되고 틈에서는 새로운 파형으로 전파되는 현상

1. 슬릿에서의 간섭과 회절(간섭)

> 간섭 ➡ 거시적 관점: 슬릿 하나에서 하나의 광선
>
> 회절(간섭) ➡ 미시적 관점: 슬릿 하나에 여러 광선이 나옴

(1) 보강 간섭 조건

두 파원 S_1, S_2에서 발생한 파장을 λ라고 할 때 임의의 점 P_1에서 두 파원 S_1, S_2로부터의 경로차가 파장의 정수배인 경우

$$|S_1P_1 - S_2P_1| = m\lambda \ (m = 0, 1, 2, \cdots)$$

(2) 상쇄 간섭 조건

임의의 점 P_2에서 두 파원 S_1, S_2로부터의 경로차가 반파장의 홀수배인 경우

$$|S_1P_2 - S_2P_2| = \frac{(2m+1)}{2}\lambda \ (m = 0, 1, 2, \cdots)$$

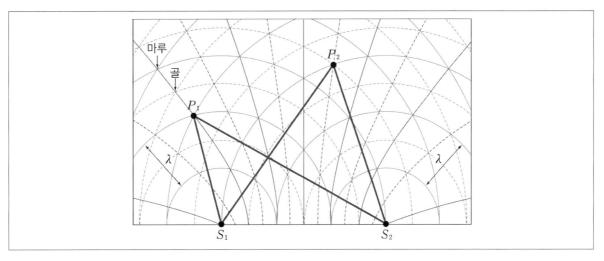

| 물결파의 간섭 가상 실험 |

2. 이중 슬릿에 의한 간섭

(1) 영의 간섭실험

이중 슬릿을 사용하여 빛의 간섭무늬를 생성

① 밝은 무늬

$$|S_1P - S_2P| = \frac{\lambda}{2}(2m)\,(m=0,\ 1,\ 2,\ \cdots\cdots)$$

➡ 경로차가 반파장의 짝수배

② 어두운 무늬

$$|S_1P - S_2P| = \frac{\lambda}{2}(2m+1)\,(m=0,\ 1,\ 2,\ \cdots\cdots)$$

➡ 경로차가 반파장의 홀수배

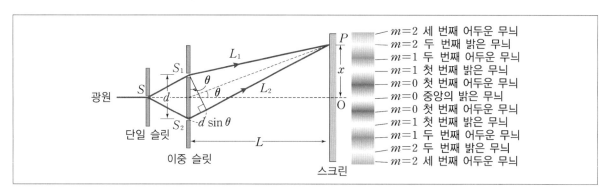

(2) 이중 슬릿에 의한 간섭무늬의 간격

① 두 광선의 경로차

$$|S_1P - S_2P| = d\sin\theta \simeq \frac{dx}{L}$$

➡ 근사 조건: 슬릿과 스크린 사이 거리 L이 충분히 커서 θ가 매우 작을 때

$$\sin\theta \simeq \theta \simeq \tan\theta = \frac{x}{l}$$

② 이웃하는 밝은 무늬나 어두운 무늬 사이의 간격 Δx

$$\Delta x = \frac{l\lambda}{d}$$

이때 $|S_1P - S_2P| = \lambda$

③ 이중 슬릿에 의한 간섭무늬의 간격(Δx)이 넓어질 조건
슬릿에서 스크린까지의 거리가 멀수록, 빛의 파장이 길수록, 이중 슬릿 사이의 간격이 좁을수록 넓어진다.

3. 간섭무늬의 위치와 간격 그리고 개수

(1) 보강개수 구하는 법

$n < \dfrac{d}{\lambda}$: 만족하는 자연수 중 가장 큰 수

보강개수 $N_{보강} = 2n + 1$개

➡ 보강은 무조건 홀수개가 나온다.

(2) 상쇄개수 구하는 법

$n < \dfrac{d}{\lambda} + \dfrac{1}{2}$: 만족하는 자연수 중 가장 큰 수

상쇄개수 $N_{상쇄} = 2n$개

➡ 상쇄는 무조건 짝수개가 나온다.

4. 전기장의 합성 및 빛의 세기

빛은 파동 함수 $\nabla^2 E = \mu_0 \epsilon_0 \dfrac{\partial^2 E}{\partial t^2}$ 의 해이므로 $E = E_0 \sin(kr - \omega t + \delta)$

삼각함수로 나타낼 수도 있고, 혹은 $E = E_0 e^{i(kr - \omega t + \delta)}$ 로 나타내기도 한다. 여기서 δ는 초기($r = 0$, $t = 0$) 위상 상수 값이다.

(1) 위상자 진폭 합성

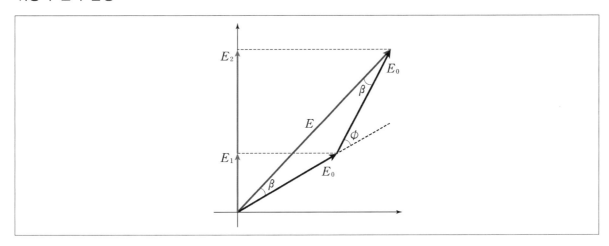

$E_1 = E_0 \sin(kx - \omega t)$

$E_2 = E_0 (kx - \omega t + \phi)$

$\beta = \dfrac{\phi}{2}$

$$(E)^2 = 4E_0^2\cos^2\frac{\phi}{2} = E_0^2(2+2\cos\phi) \quad \left[\because \cos^2\frac{\phi}{2} = \frac{1+\cos\phi}{2}\right]$$

$$\therefore E = 2E_0\cos\frac{\phi}{2}$$

$$E_T(x,\ t) = E_1 + E_2 = 2E_0\cos\frac{\phi}{2}\sin\left(kx - \omega t + \frac{\phi}{2}\right)$$

① 위상차 ϕ가 0일 때 합성 파동의 진폭이 $2A$로 최대(보강)

$$y(x,\ t) = E_1 + E_2 = 2E_0\sin(kx - \omega t)$$

➡ 밝아졌다가 어두워졌다가 진동한다.

② 위상차 ϕ가 π일 때 합성 파동의 진폭은 0으로 최소(상쇄)

$$y(x,\ t) = E_1 + E_2 = 0$$

➡ 항상 어둡다.

⑵ **복소 공간 합성법**

추후 전기장의 파동 합성을 할 때는 복소 공간이 더 편리한 경우가 있다. 수학적 정의만 다를 뿐 물리적 해석은 동일하다.

일반적 빛의 합성의 경우

$$E_1 = E_0\,e^{i(\vec{k_1}\cdot\vec{r_1} - \omega_1 t)}$$

$$E_2 = E_0\,e^{i(\vec{k_2}\cdot\vec{r_2} - \omega_2 t)}$$

빛의 합성 시 두 빛의 위상차가 많이 나는 것을 결정한다.

위상차 : $\phi = (\vec{k_2}\cdot\vec{r_2} - \omega_2 t) - (\vec{k_1}\cdot\vec{r_1} - \omega_1 t)$

$$E = E_1 + E_2 = 2E_0\cos\frac{\phi}{2}\,e^{i(\vec{k_1}\cdot\vec{r_1} - \omega_1 t + \frac{\phi}{2})}$$

① 맥놀이

$\vec{k_1}\cdot\vec{r_1} = \vec{k_2}\cdot\vec{r_2}$ 이고, $\omega_1 \neq \omega_2$인 경우

$$E = E_1 + E_2 = 2E_0\cos\frac{\phi}{2}\,e^{i(\vec{k_1}\cdot\vec{r_1} - \omega_1 t + \frac{\phi}{2})}$$

$$= 2E_0\cos\frac{\omega_2 - \omega_1}{2}t\,e^{i(\vec{k_1}\cdot\vec{r_1} - \omega_1 t + \frac{\phi}{2})}$$

진폭항은 시간에 따라 진동하는 맥놀이 현상을 보인다.

② 이중 슬릿

$k_1 = k_2 = k$, $\omega_1 = \omega_2 = \omega$ 이고 오직 r_1과 r_2의 차이에만 의존하는 경우

$$E = E_1 + E_2 = 2E_0 \cos\frac{\phi}{2} e^{i(\vec{k_1} \cdot \vec{r_1} - \omega_1 t + \frac{\phi}{2})}$$

$$= 2E_0 \cos\frac{k(r_2 - r_1)}{2} e^{i(kr - \omega t + \frac{\phi}{2})}$$

경로차에 따라 보강과 상쇄 간섭이 결정된다.

(3) 빛의 세기 합성

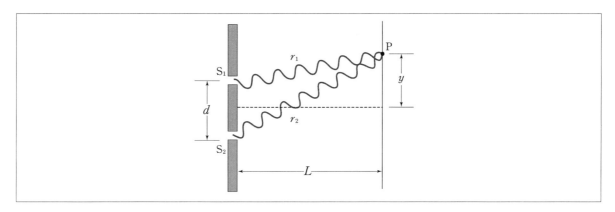

$$E = E_1 + E_2 = 2E_0 \cos\frac{\phi}{2} e^{i(\vec{k_1} \cdot \vec{r_1} - \omega_1 t + \frac{\phi}{2})}$$

빛의 세기는 $I \propto |E^2|$ 이다.

$$E^2 = 4E_0^2 \cos^2\frac{\phi}{2} = 4E_0^2\left(\frac{1 + \cos\phi}{2}\right) = 2E_0^2 + 2E_0^2 \cos\phi$$

E^2	$=$	E_0^2	$+$	E_0^2	$+$	$2E_0^2 \cos\phi$
		첫 번째 빛		두 번째 빛		간섭 효과

진폭이 같은 빛의 합성에서는 간섭항 $2E_0^2 \cos\phi$에 따라 보강과 상쇄가 결정된다.

① 보강 조건의 위상차

$$\Delta\phi = k\Delta = kd\sin\theta = 2m\pi$$

② 상쇄 조건의 위상차

$$\Delta\phi = k\Delta = kd\sin\theta = (2m + 1)\pi$$

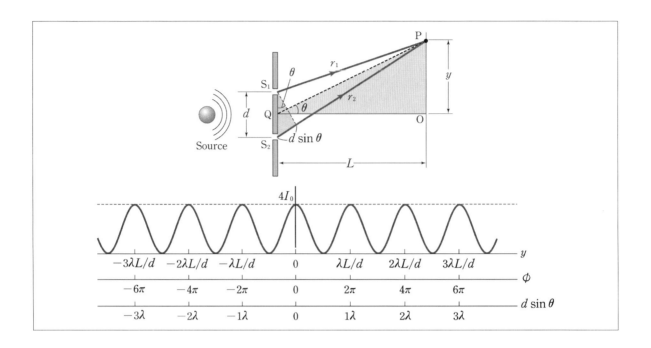

06 전기장의 편광 방향에 따른 빛의 합성

1. 결맞은(coherent) 광원

위상차가 일정한 광원

➡ 일반적인 간섭현상을 말할 때 편광 방향이 동일한 경우를 주로 다룬다. 즉, 전기장의 진동 방향이 나란한 경우이다.

$$E^2 = (\overrightarrow{E_1} + \overrightarrow{E_2})^2 = E_1^2 + E_2^2 + 2E_1E_2\cos\phi$$

$$\therefore I = I_1 + I_2 + 2\sqrt{I_1 I_2}\cos\phi$$

만약 $E_1 = E_2$ 이고 각 빛의 세기가 I_0 이라면

$$I = 2I_0 + 2I_0\cos\phi = 2I_0(1 + \cos\phi)$$

$$\therefore I = 4I_0\cos^2\frac{\phi}{2}$$

2. 결 어긋난(incoherent) 광원

위상차가 불균일한 광원(0 ➡ 2π)값을 랜덤하게 갖는 광원(자연광)

$$E^2 = (\overrightarrow{E_1} + \overrightarrow{E_2})^2 = E_1^2 + E_2^2 + 2E_1 E_2 \cos\phi$$

ϕ값이 랜덤하게 형성되므로 평균값을 내면 $\langle \cos\phi \rangle = \dfrac{1}{2\pi} \displaystyle\int_0^{2\pi} \cos\phi \, d\phi = 0$이 된다.

즉, $E^2 = (\overrightarrow{E_1} + \overrightarrow{E_2})^2 = E_1^2 + E_2^2$이다.

$$\therefore I = I_1 + I_2$$

※ 간섭항 $2E_1 E_2 \cos\phi$ 가 존재하기 위해서는 편광 방향 일치와 결맞은 상태가 되어야 한다. 복소항의 수학적 전개로도 같은 결과를 얻을 수 있다. 하나의 예로 두 빛의 진폭이 동일하다고 하자.

위상차 ➡ $\phi = (\overrightarrow{k_2} \cdot \overrightarrow{r_2} - \omega_2 t) - (\overrightarrow{k_1} \cdot \overrightarrow{r_1} - \omega_1 t)$

$$E^2 = (E_1 + E_2)(E_1^* + E_2^*) = E_1^2 + E_2^2 + E_1 E_2^* + E_1^* E_2$$

$$= 2E_0^2 + E_0^2 \left(e^{i[(\overrightarrow{k_1} \cdot \overrightarrow{r_1} - \omega_1 t) - ((\overrightarrow{k_2} \cdot \overrightarrow{r_2} - \omega_2 t)]} + e^{-i[(\overrightarrow{k_1} \cdot \overrightarrow{r_1} - \omega_1 t) - (\overrightarrow{k_2} \cdot \overrightarrow{r_2} - \omega_2 t)]} \right)$$

$$= 2E_0^2 + E_0^2(e^{-i\phi} + e^{i\phi}) = 2E_0^2 + 2E_0^2 \left(\frac{e^{-i\phi} + e^{i\phi}}{2} \right)$$

$$\therefore E^2 = 2E_0^2 + 2E_0^2 \cos\phi$$

예제 2 다음 그림은 단일 슬릿의 S와 이중 슬릿의 D_1, D_2를 통과한 단색광에 의해 스크린에 간섭무늬가 생긴 것을 모식적으로 나타낸 것이다. S로부터 D_1, D_2까지의 거리는 서로 같고, 스크린 중심부의 가장 밝은 무늬와 이에 인접한 밝은 무늬 사이의 간격은 Δx이다.

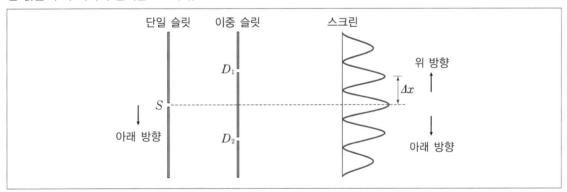

이때 S를 아래 방향으로 이동시켜 스크린에 생긴 간섭무늬가 Δx만큼 이동할 때 초기 중앙지점의 이동 방향을 쓰시오. 또한 인접한 밝은 무늬 사이의 간격 Δx의 변화에 대해 설명하고, S가 이동하여 스크린 중앙 지점에서 처음으로 어두운 간섭무늬가 발생하였을 때 D_1과 D_2에서 단색광의 위상차의 크기 $\Delta\phi$를 구하시오.

07 박막에서의 간섭

1. 얇은 평면 박막 간섭

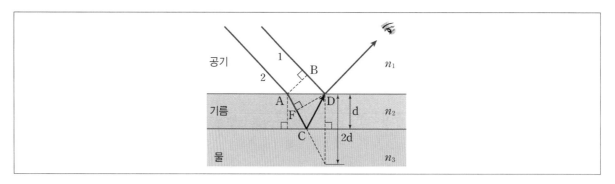

두 평행광선이 공기 중에서 물 위의 얇은 기름막에 의해 간섭을 일으킨다고 하자. 2번 광선은 기름막 A를 거쳐 C에서 반사 후 다시 기름막 D로 투과하여 광선 1과 D지점에서 간섭을 일으킨다. 이때 BD와 AF는 평행 성질에 의해서 광경로가 서로 동일하므로 두 광선의 D지점에서 경로차는 $\overline{FC} + \overline{CD}$ 이다. 따라서 두 빛의 광경로차는 $\Delta_{광} = 2n_2 d\cos\theta$ 이다. (여기서 θ는 굴절각이다.)

굴절률의 조건에 따른 박막 간섭의 조건은 다음과 같다.

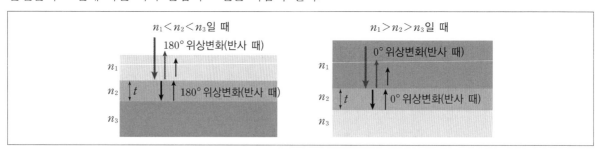

$2n_2 t = m\lambda$ ➡ 보강 간섭 조건

$2n_2 t = \left(m + \dfrac{1}{2}\right)\lambda$ ➡ 상쇄 간섭 조건

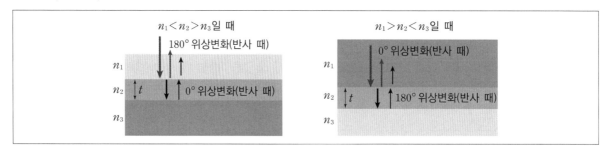

$2n_2 t = m\lambda$ ➡ 상쇄 간섭 조건

$2n_2 t = \left(m + \dfrac{1}{2}\right)\lambda$ ➡ 보강 간섭 조건

2. 뉴턴링

렌즈면에서 반사되는 광선(자유단반사)과 평판에서 반사되는 광선이 합쳐져서 렌즈 표면에서 간섭을 일으킨다. 아래 그림의 렌즈와 평면유리 사이에 존재하는 기름의 굴절률을 n이라 하자.

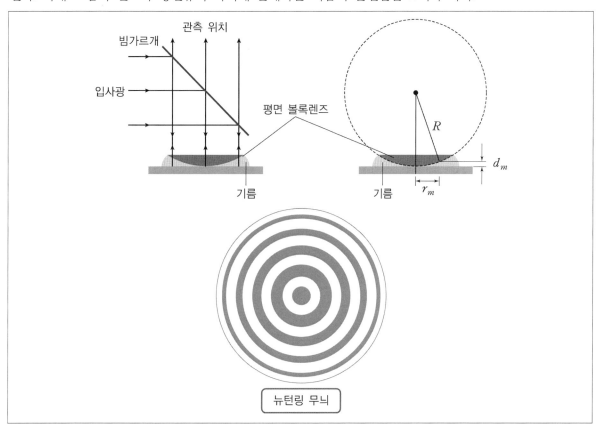

간섭을 일으키는 두 빛의 광경로차는 $\Delta_{광} = 2nd_m$이다.

피타고라스 정리를 전개해서

$$r_m^2 = R^2 - (R - d_m)^2 = 2Rd_m - d_m^2 \simeq 2Rd_m$$

$$d_m = \frac{r_m^2}{2R}$$

$$\Delta_{광} = 2n\left(\frac{r_m^2}{2R}\right) = \frac{nr_m^2}{R}$$

기름의 굴절률 n은 평면 볼록렌즈 및 평면유리의 굴절률보다 작은 경우 렌즈 표면에서 자유단반사를 하고, 평면유리에서는 고정단반사를 하므로 빛의 파장이 λ일 때 간섭 조건은 다음과 같다.

$$\Delta_{\vec{\text{광}}} = \frac{nr_m^2}{R} = \begin{cases} m\lambda & ; \text{상쇄} \\[2mm] \dfrac{2m+1}{2}\lambda & ; \text{보강} \end{cases}$$

$$r_m = \sqrt{\frac{mR\lambda}{n}} \;\blacktriangleright\; \text{상쇄}$$

$$r_m = \sqrt{\frac{(2m+1)R\lambda}{2n}} \;\blacktriangleright\; \text{보강}$$

나머지 상황은 위 박막 간섭 조건과 동일하다.

08 마이컬슨 간섭계

마이컬슨 간섭계는 빛의 파장 측정이나 중력파 검출기 등 다양한 분야에 사용되고 있다. 아래 그림은 파장이 λ인 레이저를 사용하는 마이컬슨 간섭계를 나타낸 것이다. 거울 M_1은 고정되어 있고, 스크린에는 거울 M_2의 움직임에 따라 변화하는 간섭무늬가 형성된다.

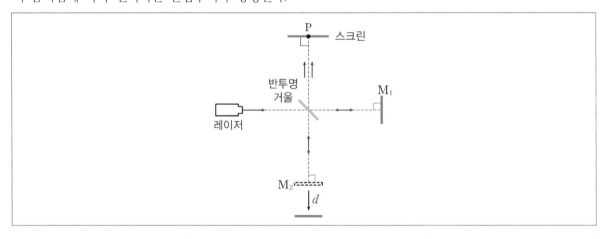

거울 M_2가 움직일 때 빛은 입사 후 반사되어 P에 도달하는 왕복운동을 한다. d만큼 움직이는 동안 스크린에 N개의 밝은 간섭무늬 혹은 어두운 간섭무늬가 발생하였다고 하자.

경로차 $\blacktriangleright$ $\Delta = 2d = N\lambda$

위상차 $\blacktriangleright$ $\Delta\phi = k\Delta = \dfrac{2\pi}{\lambda}2d = \dfrac{4\pi d}{\lambda}$

연습문제

✦ 정답_192p

01 다음 그림과 같이 서로 15cm 떨어진 파원 S_1, S_2에서 파장이 4cm이고 진폭이 같은 물결파가 같은 위상으로 발생하고 있다.

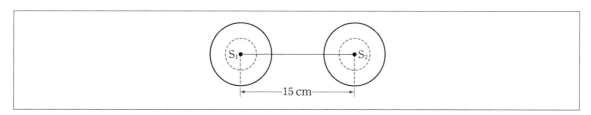

이때 선분 $\overline{S_1S_2}$에서 보강간섭이 일어나는 지점의 수와 상쇄간섭이 일어나는 지점의 수의 합을 구하시오.

02 다음 그림은 수면상에서 8cm 떨어진 두 파원 A, B가 각각 파장이 4cm, 진폭이 1cm인 같은 위상의 수면파를 계속 발생시키는 것을 나타낸 것이다. (단, 그림에서 실선은 마루, 점선은 수면파의 골을 나타내며, 진폭은 변하지 않는다.)

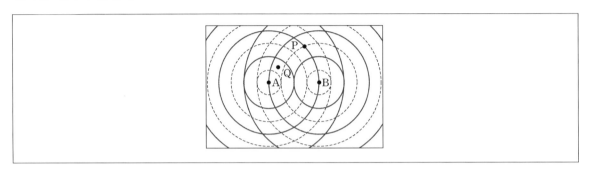

1) A, B로부터 점 P까지의 거리를 측정할 때 두 거리의 차는 몇 cm인지와 점 P의 진폭은 얼마인지 각각 구하시오.

2) 점 Q에서 보강 간섭이 일어날 수 있는지에 대해 설명하시오.

3) 선분 AB 상에 마디선은 몇 개나 되는지 구하시오.

20-A11

03 그림 (가)는 영(T. Young)의 이중 슬릿 실험에서 파장이 λ인 단색광이 두 슬릿을 통과하여 경로 1, 경로 2를 따라 스크린 상의 점 P에 도달한 모습을 나타낸 것이다. P는 중앙 극대점 O와 첫 번째 극소점 사이에 위치한다. 그림 (나)는 (가)에서 각 경로를 따라 P에 도달한 단색광의 전기장의 파동 함수 y_1과 y_2의 파형을 시간 t에 따라 나타낸 것이다. y_1과 y_2의 인접한 극댓값 사이의 시간차는 t_0이다.

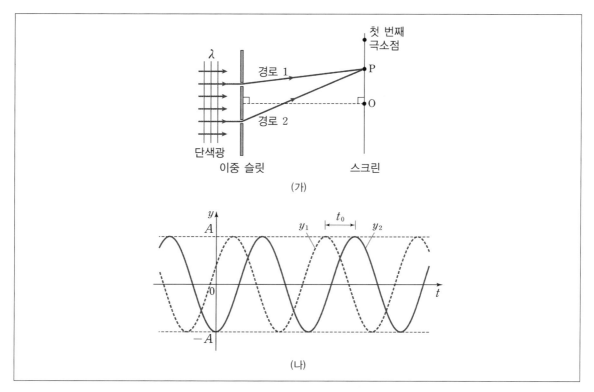

(가)

(나)

이때 y_1과 y_2의 위상차를 t_0, λ, c로 쓰시오. 또한 O와 P에서 빛의 세기의 시간에 따른 평균값이 각각 I_O와 I_P일 때, $\dfrac{I_P}{I_O}$를 풀이 과정과 함께 t_0, λ, c로 구하시오. (단, c는 빛의 속력이고, 슬릿 사이의 간격과 λ는 슬릿과 스크린 사이의 거리보다 매우 작다. 슬릿의 폭에 의한 회절 효과는 무시한다.)

┤ 자료 ├

- 단색광의 전기장의 파동 함수는 $y(x,\ t) = A\sin(kx - \omega t + \delta)$이고, 주기가 T일 때

$$\dfrac{1}{T}\int_0^T dt\,\sin^2(\omega t + \delta) = \dfrac{1}{2}$$ 이다. 여기서 A는 진폭, k는 파수, ω는 각진동수, δ는 위상 상수이다.

- $\sin\alpha + \sin\beta = 2\sin\left(\dfrac{\alpha + \beta}{2}\right)\cos\left(\dfrac{\alpha - \beta}{2}\right)$ 이다.

04 다음 그림과 같이 S지점에 파장이 $\lambda = 600\text{nm}$ 인 단색광을 두께가 d이고 굴절률이 $n = \sqrt{3}$ 인 얇은 박막에 입사시켰다. 빛은 박막 표면 A지점에 입사각 ϕ로 입사하고 일부는 반사하고 일부는 굴절각 θ로 굴절하게 된다. 굴절한 빛은 박막 아래 부분 D지점에서 반사하여 박막 표면 C지점에서 굴절하여 O지점에서 반사된 빛과 서로 중첩한다.

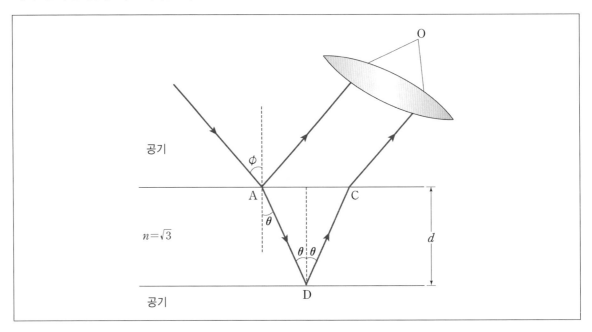

$\phi = 60°$로 입사시켰을 때, O지점에서 밝기가 최대가 되는 박막의 최소 두께 d를 구하시오. 또한 이때 O에서 두 빛의 광경로차를 구하시오. (단, 공기의 굴절률은 1이다.)

05 그림 (가)는 단색광을 이용한 영의 이중 슬릿 실험에서 스크린에 생긴 간섭무늬를 모식적으로 나타낸 것이다. 점 P는 가장 밝은 무늬의 위치이고, Δx는 이웃한 밝은 무늬 사이의 거리이다. 그림 (나)는 굴절률이 n_1, n_2이고 두께가 d인 두 투명판을 (가)의 슬릿 S_1, S_2 뒤에 놓았을 때, P가 위로 이동한 것을 나타낸 것이다.

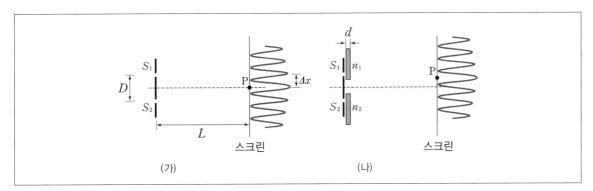

(가)   (나)

그림 (나)에서 밝은 중앙점이 스크린 위쪽으로 이동하였다. 이때 굴절률 n_1과 n_2의 크기를 비교하고, 이동한 거리 x_P를 주어진 조건으로 나타내시오. (단, 슬릿 사이의 거리 $\overline{S_1 S_2} = D$이고, 슬릿과 스크린 사이의 거리는 L이다. 또한 $D \ll L$이고, d의 두께는 매우 얇아서 빛이 통과한 거리를 d로 간주한다.)

06 다음 그림과 같이 유리기판 위 얇은 기름막($n_1 = 2$)에 빛이 수직으로 입사한다. 반사파가 파장이 520nm 와 650nm에서 사라지는 것을 관찰하였다.

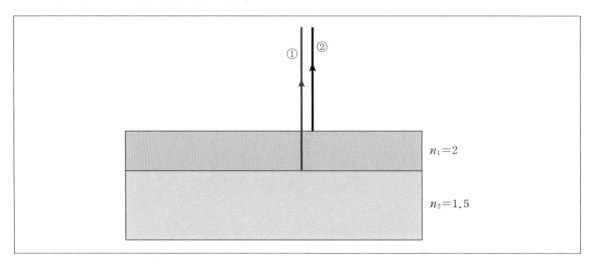

이때 기름 막의 최소 두께 t와 각각의 간섭 차수 m을 구하시오.

07 다음 그림은 곡률반경이 R인 평면 볼록렌즈를 평면유리에 접촉시킨 후, 파장이 500nm인 단색광을 수직으로 입사시켜 반사에 의해 간섭무늬를 얻는 뉴턴 고리 간섭계를 나타낸 것이다. 중앙으로부터 $r =$ 10mm 지점에 12번째 어두운 뉴턴링 무늬가 생겼다.

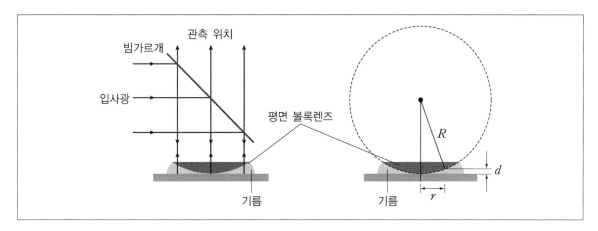

이때 $r = 10$mm에서 간섭무늬를 발생시키는 두 빛의 광경로차와 d를 각각 구하시오. 또한 렌즈의 곡률반경 R을 구하시오. (단, 기름의 굴절률은 $\dfrac{3}{2}$이고, 평면 볼록렌즈와 평면유리의 굴절률은 기름의 굴절률보다 크다. 그리고 $R \gg d$이며, $r^2 = 2Rd - d^2 \simeq 2Rd$을 만족한다.)

08 다음 그림은 진공에서 파장이 600nm인 평면 단색광이 굴절률이 $n = \dfrac{3}{2}$인 매질 속에 있는, 슬릿 사이의 기리가 $d = 0.02\,mm$인 이중 슬릿을 통과 후 $D = 1\,m$ 떨어진 스크린에 간섭무늬를 만드는 것을 나타낸 것이다. 슬릿 하나를 통과한 빛의 세기는 I_0이고, 스크린 상의 P지점에서 중앙으로부터 첫 번째 밝은 간섭무늬를 형성한다. 그림 (나)는 P지점에서 시간에 따른 빛의 세기를 관측한 것이다.

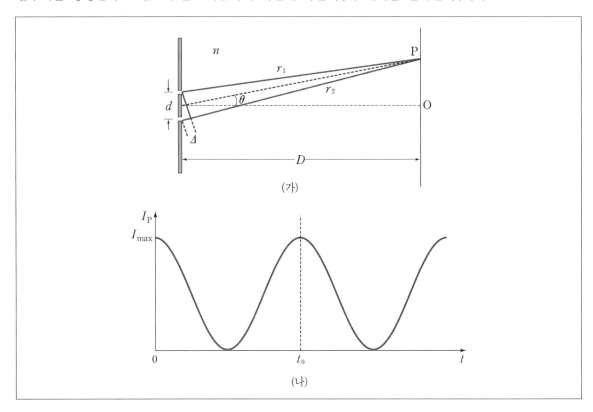

(가)

(나)

이때 O와 P 사이의 거리 $\overline{OP}$와 두 빛의 경로차 $\Delta = r_2 - r_1$을 각각 구하시오. 또한 P지점에서 빛의 세기의 최댓값 I_{max}를 I_0로 구하시오. 그리고 P지점에서 빛의 세기의 진동주기 t_0를 구하시오. (단, 빛의 속력은 $c = 3 \times 10^8 \,m/s$이고, $D \gg d$이며, 슬릿폭은 매우 작아 회절 효과는 무시한다.)

16-A07

09 다음 그림은 동일한 광원에서 나온 2개의 평면파 A, B가 각각 거울 M_1, M_2에 반사하여 서로 다른 두 경로를 지난 후 점 P에서 중첩하는 모습을 나타낸 것이다. P에서 A, B의 복사조도(세기)는 각각 I_0, $3I_0$이다. 광원이 결 어긋난(incoherent) 광원인 경우 P에서 중첩된 파동의 복사조도는 I_1이고, 결맞은(coherent) 광원인 경우 P에서 위상차 없이 중첩된 파동의 복사조도는 I_2이다.

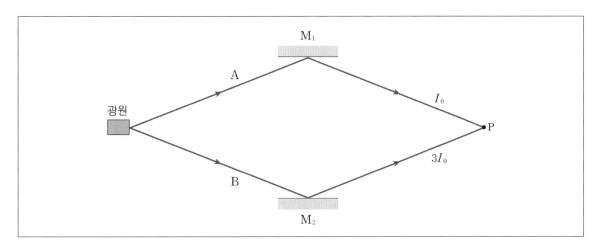

이때 I_1과 I_2를 각각 구하시오. (단, P에 도달한 A, B의 평광과 파장은 같다.)

21-A11

10 다음 그림은 파장이 λ인 레이저를 사용하는 마이컬슨 간섭계를 나타낸 것이다. 거울 M_1은 고정되어 있고 거울 M_2는 일정한 속력 v로 움직이며, 스크린에는 시간에 따라 변화하는 간섭무늬가 형성된다. M_1, M_2에서 반사되어, 시간 $t = 0$일 때 점 P에 도달한 두 빛의 광경로차는 d_0이고, P에 밝은 무늬가 형성된다.

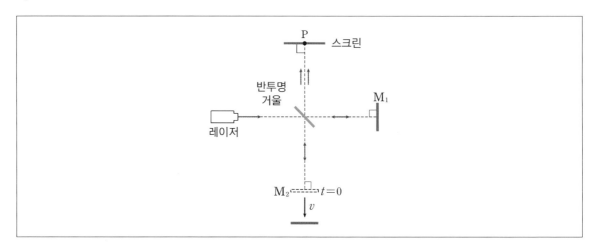

이때 시간 t에서 P에 도달한 두 빛의 광경로차와 위상차를 λ, v, t로 각각 나타내시오. 또한 $\lambda = 600\text{nm}$이고 P에서 1ms동안 10^4번의 밝은 간섭무늬가 나타날 때, v의 값을 풀이 과정과 함께 구하시오. (단, 실험은 진공에서 이루어진다.)

22-A11

11 그림 (가)와 같이 결맞은 두 평면 조화파 전기장 $\overrightarrow{E_1} = E_0 e^{ik(-x\sin\theta + z\cos\theta)} e^{-i\omega t} \hat{y}$,

$\overrightarrow{E_2} = E_0 e^{ik'(x\sin\theta + z\cos\theta)} e^{-i(\omega + \delta\omega)t} \hat{y}$ 가 스크린($z=0$)에 입사하고 있다. 그림 (나)는 간섭무늬가 x축 방향으로 시간에 따라 이동하는 것을 나타낸 것이다.

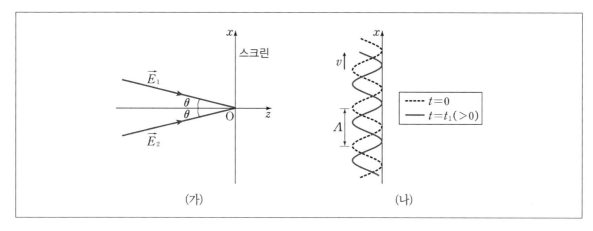

이때 근사 조건 $k' \simeq k$를 사용하여 두 파동의 간섭 항이 $\overrightarrow{E_1^*} \cdot \overrightarrow{E_2} + \overrightarrow{E_1} \cdot \overrightarrow{E_2^*} = 2E_0^2 \cos(Kx - \Omega t)$가 되는 K를 풀이 과정과 함께 구하시오. 간섭무늬의 인접한 극대와 극대 사이의 거리 Λ와 이동 속력 v를 k, θ, $\delta\omega$로 나타내시오. (단, E_0은 상수, k, k'은 파수이고, ω와 $\omega + \delta\omega$는 각진동수이며, $\delta\omega \ll \omega$이다.)

회절과 다중 슬릿

01 단일 슬릿 회절(프라운호퍼 회절)

평면파가 폭이 a인 슬릿을 만나게 되면 벽에서는 반사하게 되고 슬릿에서는 다시 파를 형성해서 퍼져나가게 된다. 그런데 이때 평면파에서 파형이 바뀌게 된다. 각 슬릿의 각 점들을 구면파로 생각하면 다음과 같다.

$$E = \frac{A}{r} e^{i(kr - \omega t)}$$

그런데 구면파의 경우에는 거리에 따라 전기장의 진폭이 $\propto \frac{1}{r}$이 된다. 만약 $a \ll L$ 즉, 슬릿에서 스크린이 충분히 멀다고 하면 우리는 전기장의 진폭을 거의 동일하게 가정할 수 있다. 이것이 프라운호퍼 회절 조건이다. 즉, 가운데 지점에서 임의의 지점까지의 거리가 r_0라면 슬릿의 모든 지점에서 출발한 빛의 거리를 근사적으로 $r_0 \simeq L$로 같게 둔다. 그러면 위상 성분만 고려하면 된다.

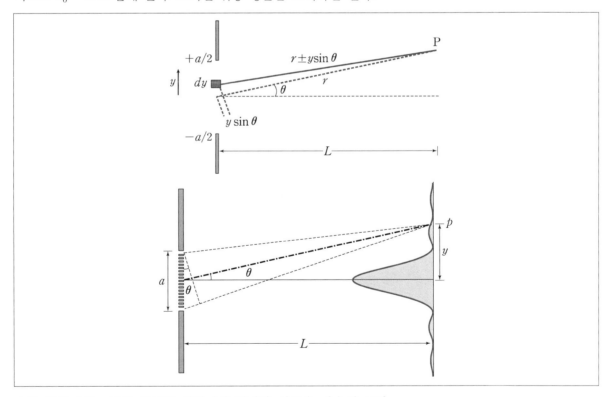

슬릿 중앙에서 x만큼 떨어진 위치에서 전기장 성분을 기술해 보자.

$$E = \frac{A}{L}e^{ikx\sin\theta}e^{i(kr_0 - \omega t)}$$ ➡ 경로차 $\Delta = x\sin\theta$ 에 의한 위상차 $kx\sin\theta$ 발생

이들이 모두 스크린의 임의의 한 지점 p 에서 만나게 되므로 적분하면

$$E_p = \frac{A}{r_0}e^{i(kr_0 - \omega t)}\int_{-\frac{a}{2}}^{\frac{a}{2}}e^{ikx\sin\theta}dx = \frac{A}{r_0}e^{i(kr_0 - \omega t)}\left(\frac{e^{i\frac{ka\sin\theta}{2}} - e^{-i\frac{ka\sin\theta}{2}}}{ik\sin\theta}\right)$$

$$= \frac{aA}{L}e^{i(kr_0 - \omega t)}\left(\frac{e^{i\beta} - e^{-i\beta}}{2i\beta}\right)\left(\because \ \beta = \frac{ka\sin\theta}{2}, r_0 \simeq L\right)$$

$$\therefore E_p = \frac{aA}{L}\left(\frac{\sin\beta}{\beta}\right)e^{i(kr_0 - \omega t)}$$

$I = |\langle S\rangle_t| = \frac{E_0 B_0}{2\mu_0} = \frac{1}{2c\mu_0}E_0^2 = \frac{c\epsilon_0}{2}E_0^2$ 로부터 스크린 p 지점에서 중첩된 빛의 세기는 $I_p = \frac{\epsilon_0 c}{2}|E_p|^2$ 이므로

$$I_p = \frac{\epsilon_0 c}{2}\left(\frac{aA}{L}\right)^2\left(\frac{\sin\beta}{\beta}\right)^2 = I_0\left(\frac{\sin\beta}{\beta}\right)^2$$

여기서 $I_0 = \frac{\epsilon_0 c}{2}\left(\frac{aA}{L}\right)^2$

참고로 밝기는 슬릿폭 a 의 제곱에 비례한다.

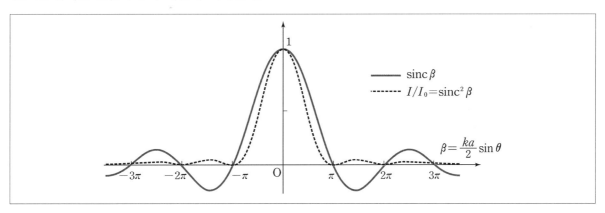

또한 단일 슬릿 회절에서 극소점의 위치와 극대점의 위치 조건은 다음과 같다.

1. 극소점의 위치

어두운 무늬가 생기는 위치는 다음과 같다.

$$I_p = I_0\left(\frac{\sin\beta}{\beta}\right)^2 = 0 \ (\because \ \sin\beta = 0)$$

$$\beta = \frac{ka}{2}\sin\theta = m\pi \ \blacktriangleright \ \frac{\pi}{\lambda}a\sin\theta = m\pi$$

$a\sin\theta = m\lambda$

회절에서 1차 극소점이 중요한 이유는 대부분의 빛이 1차 극소점 사이에 존재하기 때문이다.

2. 극대점의 위치 조건

$$\frac{\partial I}{\partial \beta} = 0 \ \Rightarrow \ 2I_0\left(\frac{\beta\cos\beta - \sin\beta}{\beta^2}\right) = 0 \ (\therefore \ \beta = \tan\beta)$$

02 바비넷의 원리(Babinet's principle)

주변이 막혀 있는 단일 슬릿과 반대로 단일 슬릿 부분은 막혀 있고 주변이 뚫려 있는 슬릿을 생각해보자.
아래와 같이 단일 슬릿의 파형은 우리가 익히 알고 있다.

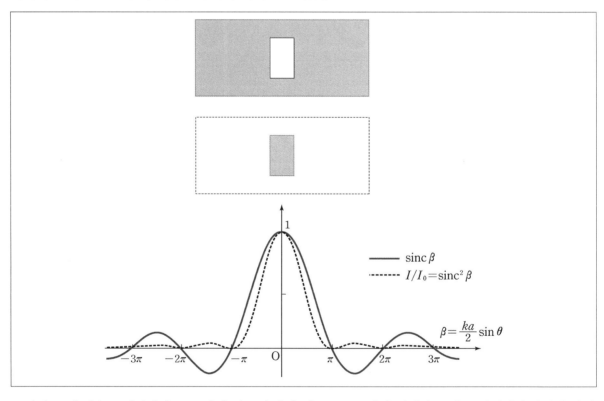

그런데 두 슬릿을 중첩시키면 모두 막혀 있는 슬릿이 되므로 스크린에 어떠한 무늬도 생성되지 않아야 한다.
결과적으로 파형은 동일한데 위상이 180도 차이가 나서 상쇄가 됨을 알 수 있다. 우리는 빛의 세기를 보기
때문에 위상 반전이 일어나더라도 동일한 패턴의 회절 무늬를 관측하게 된다.

03 분해능

멀리 떨어진 두 광원이 초점 거리가 f인 렌즈(원형슬릿)를 통해 스크린에 상을 맺는다고 하자. 매우 먼 광원이라고 하면 렌즈로부터 거의 초점거리에 상이 맺히게 된다. 두 빛의 사이각을 θ라 하자.

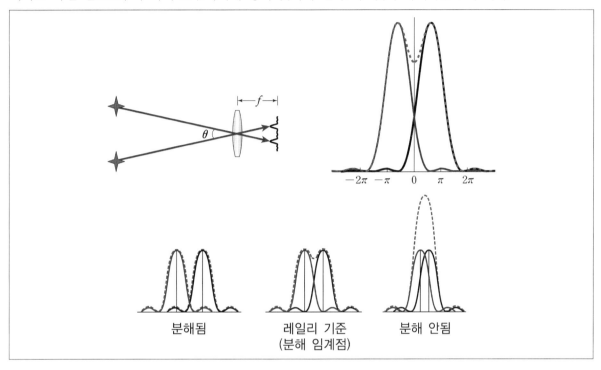

렌즈는 원형이므로 렌즈를 원형슬릿으로 간주할 수 있다. 원형슬릿은 원형 대칭성을 갖기 때문에 극소점이 베셀 함수 $J_1(x)$의 극소점을 따르게 된다. 단일 슬릿은 빛의 대부분이 슬릿 중앙의 밝은 무늬의 폭에 존재한다. 따라서 우리는 두 빛을 구별 가능함을 판단할 때 두 빛의 중앙 사이의 거리가 1차 극소점 거리보다 큰지 작은지로 판단한다. 이때 두 빛의 밝기의 중앙이 서로 1차 극소점 거리만큼 떨어질 때를 렌즈의 분해능이라 하고 이를 레일리 기준점이라 한다. 레일리 기준으로 멀어지면 분해되는 빛이 되고, 가까워진 상태면 분해가 안 되는 하나의 빛으로 간주한다. 예를 들어 각 1°의 분해능을 가진 렌즈가 있다고 하자. 충분히 멀리 떨어진 두 전등이 각 1°보다 작다면 하나의 전등으로 보이고, 각 1°보다 크다면 2개의 전등으로 구별이 가능하다는 것이다.

$$I = I_0 \left(\frac{2J_1(\gamma)}{\gamma} \right)^2$$

$$\gamma = \frac{k}{2} D \sin\theta$$

$$J_1(\gamma) = 0 \ \blacktriangleright \ \gamma \simeq 3.832 \left(\because \ \frac{\gamma}{\pi} \simeq 1.22 \right)$$

$$D \sin\theta \simeq D\theta = \frac{\gamma}{\pi}\lambda = 1.22\lambda$$

$$\text{분해능}: \theta = \frac{1.22}{D}\lambda$$

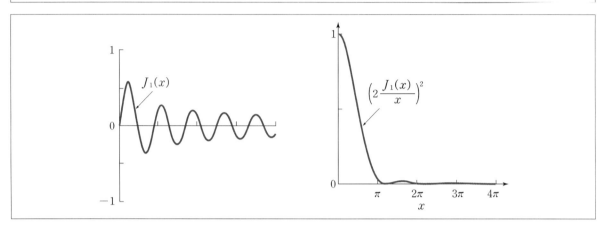

| 베셀 함수의 특징 |

04 이중 슬릿 회절

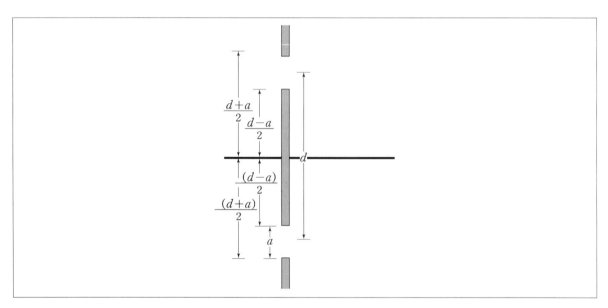

스크린의 임의의 지점에서 전기장의 진폭을 구하면

$$E = \frac{A}{L}\int_{-(d+a)/2}^{-(d-a)/2} e^{ikx\sin\theta}dx + \frac{A}{L}\int_{(d-a)/2}^{(d+a)/2} e^{ikx\sin\theta}dx$$

$$= \frac{A}{L}\frac{1}{ik\sin\theta}\left(e^{ik\frac{a-d}{2}\sin\theta} - e^{ik\frac{-a-d}{2}\sin\theta} + e^{ik\frac{a+d}{2}\sin\theta} - e^{ik\frac{d-a}{2}\sin\theta}\right)$$

$$= \frac{A}{L}\frac{1}{ik\sin\theta}\left(e^{-ik\frac{d}{2}\sin\theta}\left(e^{ik\frac{a}{2}\sin\theta} - e^{ik\frac{-a}{2}\sin\theta}\right) + e^{ik\frac{d}{2}\sin\theta}\left(e^{ik\frac{a}{2}\sin\theta} - e^{ik\frac{-a}{2}\sin\theta}\right)\right)$$

$$= \frac{aA}{L}\frac{1}{2i\beta}\left(e^{-i\alpha}(e^{i\beta} - e^{-i\beta}) + e^{i\alpha}(e^{i\beta} - e^{-i\beta})\right) \ ; \ \alpha = k\frac{d}{2}\sin\theta, \ \beta = \frac{a}{2}\sin\theta$$

$$\therefore \ E = \frac{2aA}{L}\left(\frac{\sin\beta}{\beta}\right)(\cos\alpha)$$

$$I = \frac{\epsilon_0 c}{2}|E|^2 = 4I_0\left(\frac{\sin\beta}{\beta}\right)^2(\cos\alpha)^2 \ \ (\because \ I_0 = \frac{\epsilon_0 c}{2}\left(\frac{aA}{L}\right)^2)$$

이중 슬릿에 의한 회절은 두 항으로 분할이 된다.

1. 미시적 단일 슬릿 회절항

$$\left(\frac{\sin\beta}{\beta}\right)^2$$

2. 거시적 이중 슬릿 간섭항

$$\cos^2\alpha$$

극대점 조건 ➡ $d\sin\theta = m\lambda$

극소점 조건 ➡ $d\sin\theta = \frac{2m+1}{2}\lambda$

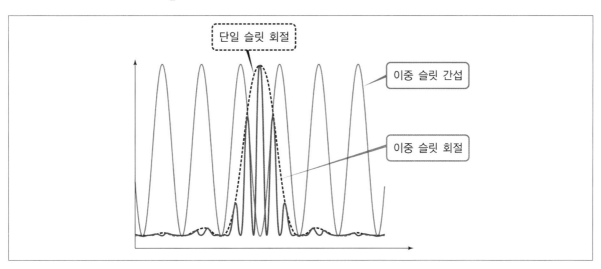

3. 이중 슬릿 유형

⑴ 회절항의 무시($a \leq \lambda$)

회절항을 거의 무시할 수 있다면 다음 그림처럼 거시적 이중 슬릿 효과만 나타나게 된다.

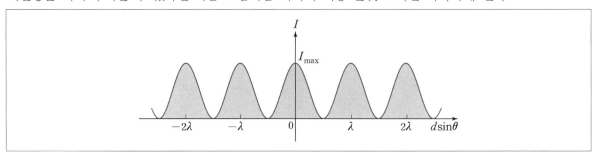

⑵ 회절항이 약하게 존재($\lambda < a \ll d$)

단일 슬릿에 의한 회절항이 존재하지만 슬릿의 폭보다 슬릿 간격이 매우 커서 1차 회절 극소점이 멀리 떨어진 경우를 말한다. 1차 회절 극소점 안에 매우 많은 이중 슬릿의 극대점이 존재한다.

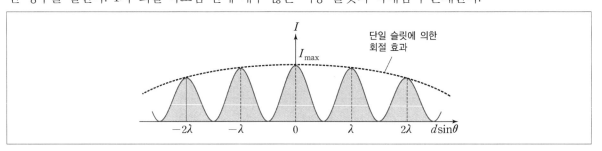

⑶ 회절항이 강하게 존재($\lambda < a < d$)

슬릿의 폭과 슬릿 간격이 수십 배 이상 크게 차이가 나지 않은 경우를 말한다. 예를 들어 슬릿 간격 d가 슬릿 폭 a보다 2배 큰 경우($d = 2a$)이면 다음과 같은 간섭무늬가 생성된다. 회절 1차 극소점($a\sin\theta = \lambda$)이므로 간섭무늬의 2번째 보강지점 위치($d\sin\theta = 2\lambda$)와 일치하게 된다.

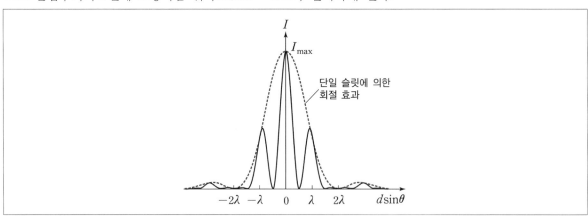

05 다중 슬릿 회절

이중 슬릿에서 회절항과 간섭항이 분할됨을 확인하였다. 그렇다면 Chapter 01에서 이중 슬릿을 참고하여 다중 슬릿으로 확장하여보자. 빛의 세기는 회절항은 $\left(\dfrac{\sin\beta}{\beta}\right)^2$ 에 비례하고, 간섭항에 비례하다.

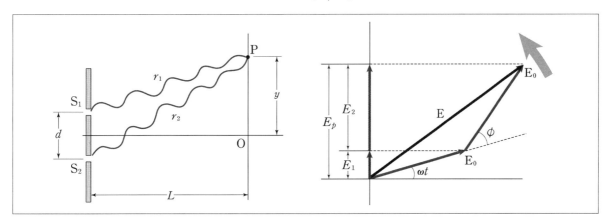

이중 슬릿을 복소 공간 합성법을 활용하면 다음과 같이 구할 수 있다.

$$
\begin{aligned}
E^2 &= \left| E_0 e^{i(kr_1 - \omega t)} + E_0 e^{i(kr_2 - \omega t)} \right|^2 \\
&= \left| E_0 e^{i(kr_1 - \omega t)} + E_0 e^{i(kr_1 - \omega t) + i\phi} \right|^2 \\
&= E_0{}^2 \left| (1 + e^{i\phi}) \right|^2 \\
&= E_0{}^2 (2 + 2\cos\phi) \\
&= 4E_0^2 \cos^2\frac{\phi}{2}
\end{aligned}
$$

이 아이디어를 각 슬릿당 위상차가 ϕ가 나는 N중 슬릿으로 확장하여 생각해보자.

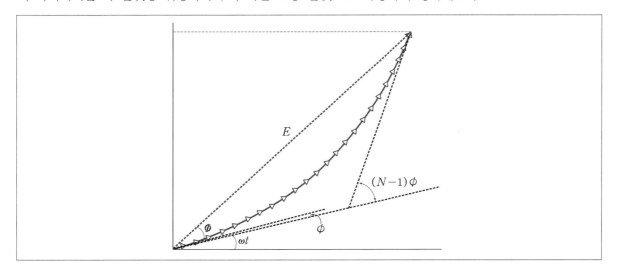

슬릿이 N개이면 간섭항에서 첫 번째를 기준으로 각 슬릿의 위상차를 고려하여 전재하면 다음과 같다.

$$E^2 = E_0^2 |(1 + e^{i\phi} + e^{2i\phi} + ... + e^{i(N-1)\phi})|^2 = E_0^2 \left| \frac{e^{iN\phi} - 1}{e^{i\phi} - 1} \right|^2$$

빛의 세기는 전기장의 제곱에 비례하므로 다음과 같이 정의할 수 있다. 그리고 이중 슬릿에서 정의한 것처럼 α와 ϕ의 관계는 $\alpha = \dfrac{\phi}{2}$ 이다.

$$I = I_0 \left(\frac{\sin\beta}{\beta} \right)^2 \left| \frac{e^{iN\phi} - 1}{e^{i\phi} - 1} \right|^2$$

$$\left| \frac{e^{iN\phi} - 1}{e^{i\phi} - 1} \right|^2 = \left(\frac{e^{iN\phi} - 1}{e^{i\phi} - 1} \right) \left(\frac{e^{-iN\phi} - 1}{e^{-i\phi} - 1} \right) = \frac{2 - 2\cos N\phi}{2 - 2\cos\phi} = \frac{\sin^2 \dfrac{N\phi}{2}}{\sin^2 \dfrac{\phi}{2}} = \frac{\sin^2 N\alpha}{\sin^2 \alpha} \text{ 이다.}$$

$$I_P = I_0 \left(\frac{\sin\beta}{\beta} \right)^2 \left(\frac{\sin N\alpha}{\sin\alpha} \right)^2, \quad I_0 = \frac{\epsilon_0 c}{2} \left(\frac{aA}{L} \right)^2$$

먼저 $\left(\dfrac{\sin N\alpha}{\sin\alpha} \right)$의 형태를 보면 최댓값이 1이므로 최댓값이 되기 위해서는 $\sin\alpha = \sin N\alpha = 0$이어야 한다. 이때 중앙점을 벗어났으므로 $\alpha \neq 0$이 아니다.

만족하는 조건은 $\alpha = m\pi$ and $N\alpha = s\pi$ $[m, s = \pm 1, \pm 2, \cdots]$

두 조건을 모두 만족하는 값은 $\alpha = m\pi$이다. 슬릿 간격 d가 같다면 N의 값에 상관없이 보강지점의 위치는 동일하다.

$m > 0$인 경우에서 중앙점부터 첫 번째 극대점까지 $\sin N\alpha = 0$이 되는 점의 개수는 $N\alpha = s\pi$ $[s = 1, 2, 3, \cdots N-1]$

즉, 중앙 극대부터 첫 번째 극대까지 분모는 0이 안되는데 분자만 0이 되어 극소점이 반복하여 존재하게 된다. N중 슬릿이면 인접한 보강 간섭 사이에 극소점이 $N-1$개 존재한다.

※ 4중 슬릿일 때 회절/간섭항의 비교 분석

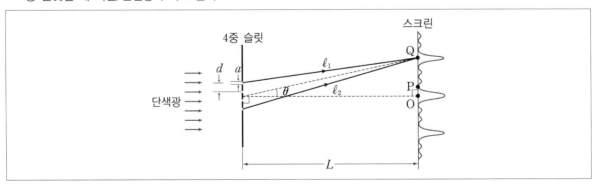

1. 회절성분 무시

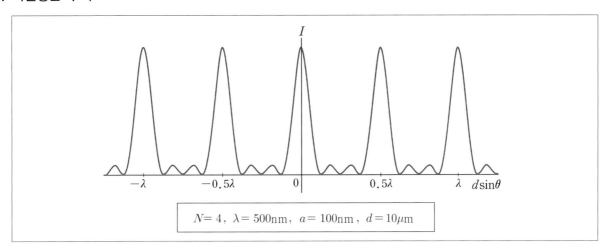

$N = 4$, $\lambda = 500\text{nm}$, $a = 100\text{nm}$, $d = 10\mu\text{m}$

a가 매우 작으면 $\left(\dfrac{\sin\beta}{\beta}\right) \simeq 1$이 되어 그림처럼 회절 성분이 사라지고, 간섭항만 존재하게 된다.

2. 회절항의 존재

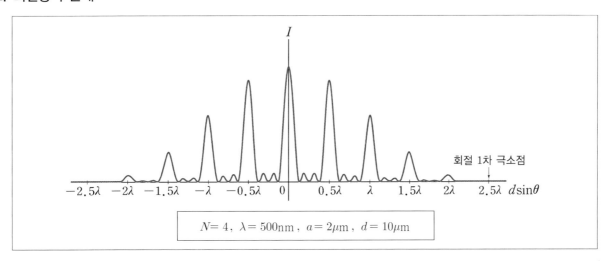

회절 1차 극소점

$N = 4$, $\lambda = 500\text{nm}$, $a = 2\mu\text{m}$, $d = 10\mu\text{m}$

$d \gg a$가 아니라면 회절성분이 영향을 미치게 되어 그림처럼 간섭성분의 보강 지점들의 높이가 점차 줄어드는 모형이 된다.

3. 간섭항의 분석

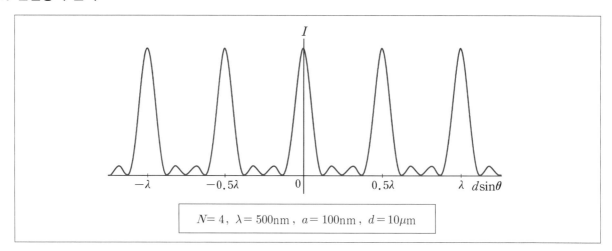

$$N= 4 \ , \ \lambda = 500\text{nm} \ , \ a = 100\text{nm} \ , \ d = 10\mu\text{m}$$

먼저 $\left(\dfrac{\sin N\alpha}{\sin \alpha}\right)$ 의 형태를 보면 최댓값이 1이므로 최댓값이 되기 위해서는 $\sin \alpha = \sin N\alpha = 0$ 이어야 한다.

이때 중앙점을 벗어났으므로 $\alpha \neq 0$ 이 아니다.

만족하는 조건은 $\alpha = m\pi$ and $N\alpha = s\pi \ [m, \ s = \pm 1, \ \pm 2, \ \cdots]$

두 조건을 모두 만족하는 값은 $\alpha = m\pi$ 이다. $m > 0$인 경우에서 중앙점부터 첫 번째 극대점까지 $\sin N\alpha = 0$이 되는 점의 개수는 $N\alpha = s\pi \ [s = 1, \ 2, \ 3, \ \cdots \ N-1]$

즉, 중앙 극대부터 첫 번째 극대까지 분모는 0이 안 되는데 분자만 0이 되어 극소점이 반복하여 존재하게 된다.

$N\alpha = \pi$ 인 지점이 첫 번째 극소점이므로

$$\dfrac{\pi d \sin \theta}{\lambda} = \dfrac{\pi}{N} \ \blacktriangleright \ \sin \theta \simeq \tan \theta = \dfrac{\overline{OP}}{L} = \dfrac{\lambda}{Nd}$$

$$\therefore \ \overline{OP} = \dfrac{L\lambda}{Nd} = \dfrac{L\lambda}{4d}$$

정리하면 '중앙 $-$ 1차 극소 $-$ 2차 극소, $\cdots$ n차 극소 $-$ 보강'

1차 극소점의 위치는 $\alpha = \dfrac{\pi}{N} = \dfrac{\pi}{4} \ \blacktriangleright \ d\sin\theta = \dfrac{\lambda}{4}$

1차 보강점의 위치는 $\alpha = \pi \ \blacktriangleright \ d\sin\theta = \lambda$

극대점과 극대점 사이에 극소점의 개수는 $N-1$개다.

$$\therefore \ \alpha = \dfrac{k\pi}{N} \ (1 \leq k \leq N-1)$$

연습문제

✦ 정답_ 193p

01 다음 그림과 같이 파장이 $\lambda = 600\,\text{nm}$ 인 평면파를 슬릿폭이 $a = 0.8\,\text{mm}$ 인 단일 슬릿에 의한 회절 실험을 나타낸 것이다. 슬릿과 스크린 사이의 간격은 $L = \dfrac{4}{3}\,\text{m}$ 이다.

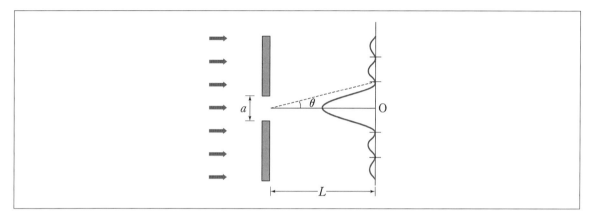

이때 <자료>를 참고하여 슬릿 중앙의 밝은 무늬의 폭을 구하시오. 또한 슬릿의 상쇄지점 사이의 간격과 스크린에 나타나는 상쇄지점의 개수를 각각 구하시오. (단, $L \gg a$ 이다.)

┤ 자료 ├
　슬릿 폭이 a 인 단일 슬릿에 의한 무늬의 밝기는 $a^2 \left(\dfrac{\sin\beta}{\beta} \right)^2$ 에 비례하며, $\beta = \dfrac{ka\sin\theta}{2}$, $k = \dfrac{2\pi}{\lambda}$ 이다.

02 다음 그림은 슬릿 폭이 $a = 2.5 \times 10^{-5}$m인 단일 슬릿을 사용한 빛의 회절 실험 장치의 모식도와 이때 스크린에 나타난 빛의 세기 분포를 나타낸 것이다. 단일 슬릿으로부터 스크린까지의 거리는 $L = 1$m이다.

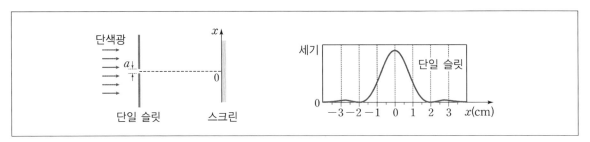

이때 실험에 사용된 단색광의 파장 λ와 스크린에 나타나는 어두운 무늬의 전체 개수를 각각 구하시오.

┤ 자료 ├

- 슬릿 폭이 a인 단일 슬릿에 의한 무늬의 밝기는 $a^2 \left(\dfrac{\sin\beta}{\beta} \right)^2$에 비례하며, $\beta = \dfrac{ka\sin\theta}{2}$, $k = \dfrac{2\pi}{\lambda}$이다.

- 스크린이 슬릿 폭에 비해 충분히 멀리 있는 경우 $\sin\theta \simeq \dfrac{x}{L}$이다.

03 다음 그림은 파장이 $\lambda = 500\text{nm}$ 인 평면 단색광이 이중 슬릿을 통과하여 스크린에 간섭무늬를 만든다. 점 O는 중앙 극대점이고, 슬릿 사이의 간격은 $d = 3.2 \times 10^{-4}\text{m}$ 로 일정하며, 슬릿과 스크린 사이의 거리는 $l = 1\text{m}$ 이다.

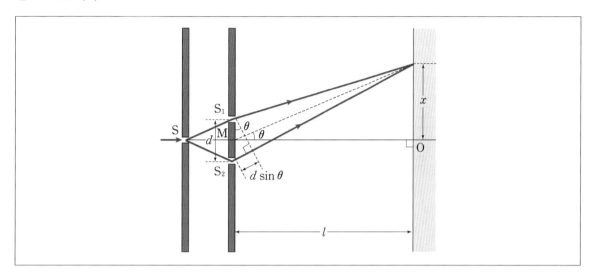

이때 <자료>를 참고하여 슬릿 중앙 O 지점에서 빛의 세기 I_0 를 구하시오. 또한 밝은 무늬 사이의 간격과 $-30° \leq \theta \leq 30°$ 에서 밝은 무늬의 개수 각각 구하시오. (단, $l \gg d$ 이다.)

┤ 자료 ├

다중 슬릿에 의해서 스크린에 만들어진 무늬의 빛의 세기 I 는 다음과 같은 근사식으로 표현된다.

$I = I_0 \left(\dfrac{\sin N\alpha}{\sin \alpha} \right)^2 (\because\ N:$ 슬릿의 개수, $\alpha:\ \dfrac{\pi d \sin \theta}{\lambda},\ I_0:\ N = 1$ 일 때 중앙에서의 빛의 세기)

04 그림 (가)는 폭이 $2a$인 단일 슬릿을 사용한 회절실험 장치의 모식도와 스크린에 나타난 빛의 세기 분포를 위치 y_1에 따라 나타낸 것이다. 그림 (나)는 (가)에서 다른 조건은 그대로 두고 단일 슬릿을 폭이 a이고 간격이 $4a$인 이중 슬릿으로 교체한 간섭실험 장치의 모식도와 이때 스크린에 나타난 빛의 세기 분포를 위치 y_2에 따라 나타낸 것이다. (가)에서 $y_1 = p$, (나)에서 $y_2 = q$, r인 지점에서 빛의 세기는 0이다. 단색광의 파장은 λ이고, 슬릿과 스크린 사이의 거리는 L이다.

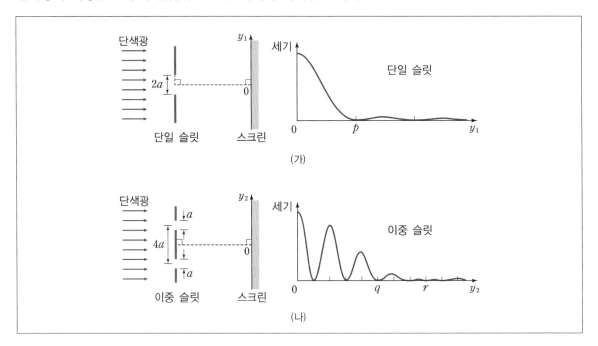

이때 <자료>를 참고하여 (가)와 (나)에서 각각 스크린 중앙 $y_1 = y_2 = 0$에서 빛의 세기의 비 $\dfrac{I_{0(가)}}{I_{0(나)}}$를 구하시오. 또한 p와 r을 각각 구하시오. 그리고 $y_2 = q$인 지점에서는 두 슬릿의 중앙을 통과한 단색광 사이의 경로차 Δ를 λ로 나타내시오. (단, $L \gg p \gg a$ 이다.)

┤ **자료** ├

- 슬릿 폭이 a인 단일 슬릿에 의한 무늬의 밝기는 $a^2 \left(\dfrac{\sin\beta}{\beta} \right)^2$에 비례하며, $\beta = \dfrac{ka\sin\theta}{2}$, $k = \dfrac{2\pi}{\lambda}$ 이다.

- 단일 슬릿의 폭이 a이고 간격이 d인 이중 슬릿에 의한 무늬의 밝기는 $4a^2 \left(\dfrac{\sin\beta}{\beta} \right)^2 \cos^2\phi$에 비례하며, $\phi = \dfrac{kd\sin\theta}{2}$, $\beta = \dfrac{ka\sin\theta}{2}$, $k = \dfrac{2\pi}{\lambda}$ 이다.

05 다음 그림은 3중 슬릿에 의해 스크린의 특정한 P지점에 빛이 도달하는 모습을 나타낸 것이다. 슬릿 사이의 거리는 d이고 빛의 파장은 λ이다. 슬릿에서 출발하는 빛의 위상은 모두 동일하고, 각 슬릿에서 나오는 빛의 세기는 I_0이다.

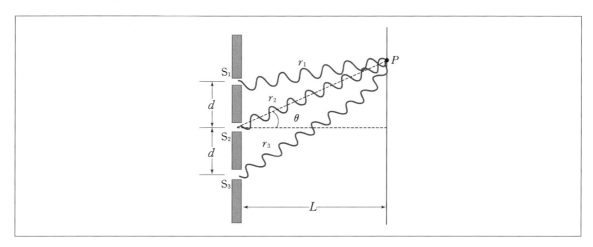

이때 <자료>를 참고하여 보강 극대점의 밝기 I를 구하시오. 또한 중앙으로부터 첫 번째 가장 어두운 지점의 각을 θ라 할 때 $\sin\theta$의 값을 구하시오.

┤ **자료** ├

다중 슬릿에 의해서 스크린에 만들어진 무늬의 빛의 세기 I는 다음과 같은 근사식으로 표현된다.

$$I = I_0 \left(\frac{\sin N\alpha}{\sin \alpha} \right)^2 \ (\because\ N: \text{슬릿의 개수},\ \alpha: \frac{\pi d \sin\theta}{\lambda},\ I_0: N=1 \text{일 때 중앙에서의 빛의 세기})$$

06 다음 그림은 파장이 λ인 평면 단색광이 4중 슬릿을 통과하여 스크린에 간섭무늬를 만든 것을 개략적으로 나타낸 것이다. 점 O는 중앙 극대점이고, 점 P, Q는 각각 O에 이웃한 첫 번째 극소점과 첫 번째 주요 극대점(first principal maximum)이다. l_1과 l_2는 각각 첫 번째 슬릿과 네 번째 슬릿으로부터 Q에 도달하는 단색광의 경로이다. 슬릿의 폭은 a이고, 슬릿 사이의 간격은 d로 일정하며, 슬릿과 스크린 사이의 거리는 L이다.

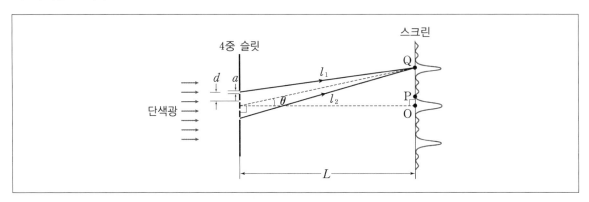

이때 <자료>를 참고하여 O에서의 빛의 세기를 I_0으로 나타내고, O와 P 사이의 거리와 O와 Q 사이의 거리를 각각 구하시오. 그리고 $|l_2 - l_1|$을 λ로 나타내시오. (단, $L \gg d \gg a$이다.)

┤ 자료 ├

프라운호퍼 영역에서 다중 슬릿에 의해서 스크린에 만들어진 무늬의 빛의 세기 I는 다음과 같은 근사식으로 표현된다. (단, $d \gg a$이다.)

$$I = I_0 \left(\frac{\sin N\alpha}{\sin\alpha} \right)^2 \quad (\because N : \text{슬릿의 개수}, \ \alpha : \frac{\pi d \sin\theta}{\lambda}, \ I_0 : N = 1 \text{일 때 중앙에서의 빛의 세기})$$

14-A12

07 다음 그림은 파장 $\lambda = 600\text{nm}$인 단색평면파를 슬릿 사이의 간격이 $d = 11.4\mu\text{m}$, 슬릿의 폭이 $a = 3.8\mu\text{m}$인 이중 슬릿에 수직으로 입사시킬 때 생기는 회절무늬를 나타낸 것이다. 이중 슬릿에 의한 무늬의 밝기는 $\cos^2\phi\left(\dfrac{\sin\beta}{\beta}\right)^2$에 비례하며, $\phi = \dfrac{kd\sin\theta}{2}$, $\beta = \dfrac{ka\sin\theta}{2}$, $k = \dfrac{2\pi}{\lambda}$이다.

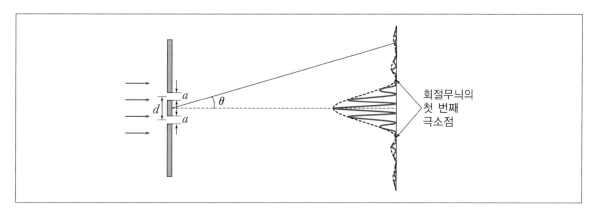

위 상황에서 a와 λ는 그대로 두고, 슬릿 사이의 간격 d만 $21.2\mu\text{m}$로 바꿀 때, 회절무늬의 첫 번째 극소점 사이에 나타나는 밝은 간섭무늬의 개수를 구하시오. (단, 프라운호퍼 회절만 고려한다.)

08 다음 그림은 파장이 λ인 광원이 단일 슬릿을 통과 후 이중 슬릿을 통해 스크린에 간섭무늬를 만드는 모식도를 나타낸 것이다.

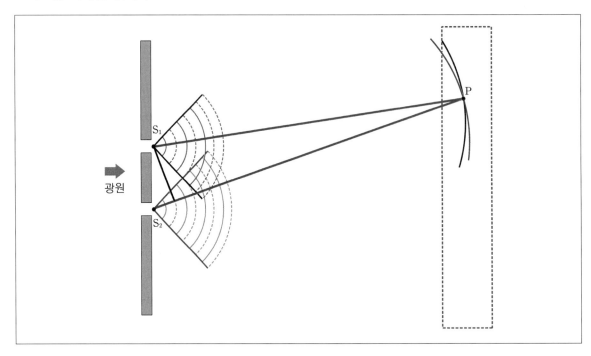

P 지점에서 밝기가 스크린 중앙에서의 밝기의 $\dfrac{3}{4}$배로 관측되었다. 이때 <자료>를 참고하여 P 지점에서 빛의 세기를 구하시오. 또한 P 지점에서 두 슬릿에서 나오는 빛의 위상차를 구하시오.

┤ 자료 ├

다중 슬릿에 의해서 스크린에 만들어진 무늬의 빛의 세기 I는 다음과 같은 근사식으로 표현된다.

$$I = I_0 \left(\frac{\sin N\alpha}{\sin \alpha} \right)^2 \ (\because \ N : \text{슬릿의 개수}, \ \alpha : \frac{\pi d \sin \theta}{\lambda}, \ I_0 : N = 1 \text{일 때 중앙에서의 빛의 세기})$$

09 그림 (가)는 파장이 λ인 평면 단색광이 5중 슬릿을 통과하여 거리 L만큼 떨어진 스크린 위에 간섭무늬를 만드는 것을 나타낸 것이다. 슬릿의 폭은 모두 a이고 슬릿 사이의 간격은 모두 d이며 점 O는 간섭무늬의 중앙 극대점이다. 그림 (나)는 스크린에 나타난 빛의 세기 I를 $\sin\theta$의 함수로 나타낸 것이다. P는 첫 번째 주요 극대(first principal maximum)를 나타내는 스크린상의 지점이다.

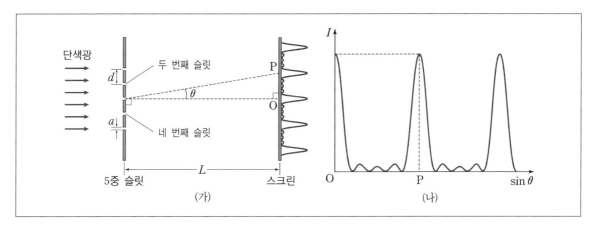

이때 P에서 $\sin\theta$의 값을 λ와 d로 나타내고, <자료>를 참고하여 I를 I_0으로 나타내시오. 두 번째 슬릿과 네 번째 슬릿을 막아 5중 슬릿이 3중 슬릿이 되었을 때, 3중 슬릿의 첫 번째 주요 극대가 나타났던 지점 P에서의 I를 풀이 과정과 함께 I_0으로 나타내시오. (단, $a \ll d \ll L$이다.)

┤ 자료 ├

• 프라운호퍼 영역에서 슬릿 사이의 거리가 D인 N개의 다중 슬릿에 의한 빛의 세기는 다음과 같은 근사식으로 표현된다.

$$I = I_0 \left(\frac{\sin N\delta}{\sin \delta} \right)^2, \quad \delta = \frac{\pi D \sin\theta}{\lambda}$$

• I_0은 단일 슬릿의 경우 극대점에서 빛의 세기이다.

편광 및 반사와 굴절

01 편광

빛(전자기파)은 진행 방향에 수직한 방향의 전기장과 자기장이 진동하는 파동이다. 전기장의 진동 방향이 결정되면 자기장은 자연스럽게 진동 방향이 결정된다. 이때 전기장의 진동 방향을 편광(Polarization) 방향이라 한다.

1. 편광의 종류

(1) 자연광(편광 되지 않은 빛)

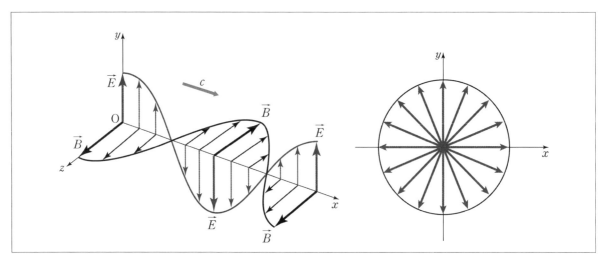

첫 번째 그림과 같이 z축으로 진행하는 빛을 바라볼 때 전기장의 방향이 특정화되지 않고 모든 방향의 값을 골고루 가질 때 편광 되지 않은(unpolarized) 빛이라 한다. 일반적으로 자연광 같은 빛은 수많은 광자들이 모든 방향에 대해 편광이 이루어지므로 전체적으로 보면 특정 방향에 대해 편광이 되지 않았다고 말한다. 예를 들어 광자 여러 개가 두 번째 그림처럼 골고루 편광 방향을 갖는 경우와 같다. 편광 되려면 모든 광자가 편광 방향이 일치해야 한다.

(2) 선형 편광

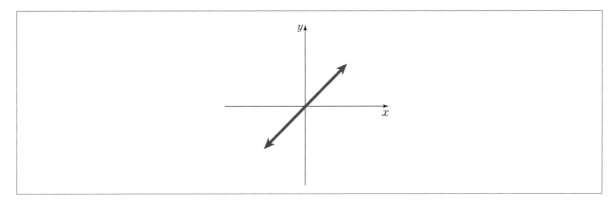

그림과 같이 빛의 편광 방향이 시간에 따라 고정되어 특정한 방향일 때 선형 편광(Linear Polarization)되었다고 한다.

전기장 벡터로 표현하면 $\vec{E}(z,\ t) = \vec{E_0}e^{i(kz-\omega t)} = (E_{0x}\hat{x} + E_{0y}\hat{y})e^{i(kz-\omega t)}$

이때 편광 방향은 $E_0\cos\theta = E_{0x}$, $E_0\sin\theta = E_{0y}$에 의해서 결정된다.

그리고 E_{0x}와 E_{0y}의 위상차는 0이다. 이는 E_{0x}가 최댓값을 가질 때 E_{0y}가 최댓값을 갖는다는 말이다. 또한 $e^{i(kz-\omega t)}$항이 동일함을 의미한다.

(3) 원형 편광

빛의 진행 방향이 $+z$축일 때 오는 빛의 회전

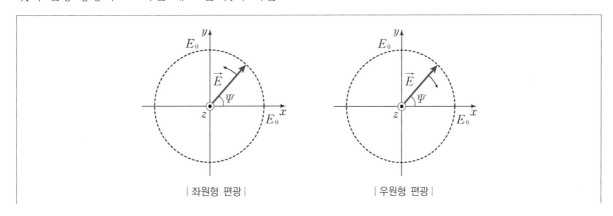

| 좌원형 편광 |　　　　　| 우원형 편광 |

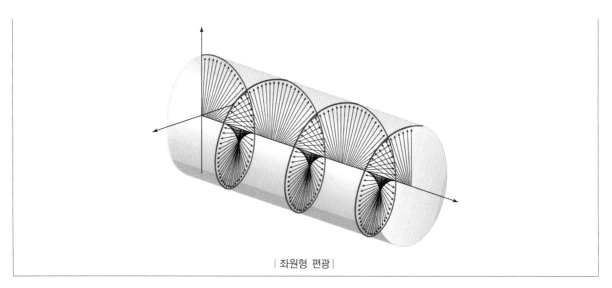

| 좌원형 편광 |

선형 편광은 전기장의 x, y축 성분이 위상차가 0이었다면 원형 편광은 위상차가 $\pm\dfrac{\pi}{2}$일 때를 말한다.

빛이 우리 모습을 바라볼 때를 기준으로 하여 수식적으로 표현해보자.

우리가 서서 관찰하는 위치를 $z=0$이라고 하면 시간에 따라 전기장의 진동 방향을 관찰하게 된다.

$$\vec{E}(z,\ t)=\vec{E_0}e^{i(kz-\omega t)}=(E_{0x}\hat{x}+E_{0y}\hat{y})e^{i(kz-\omega t)}$$

① 좌원형 편광

$(E_{0x},\ E_{0y})=(E_0,\ iE_0)$

전기장의 크기 $|E_{0x}|=|E_{0y}|=E_0$라 하자. (참고 $i=e^{i\frac{\pi}{2}}$이다.)

$\vec{E}(z,\ t)=(E_0\hat{x}+iE_0\hat{y})e^{i(kz-\omega t)}$일 때 $z=0$에서 관찰하므로

$$\vec{E}(z=0,\ t)=(E_0\hat{x}+iE_0\hat{y})e^{-i\omega t}=E_0\left(e^{-i\omega t}\hat{x}+e^{-i(\omega t-\frac{\pi}{2})}\hat{y}\right)$$

➡ E_{0x}를 기준으로 E_{0y}의 위상이 $\dfrac{\pi}{2}$만큼 차이가 난다.

$E_0e^{-i\omega t}$를 $E_0\cos\omega t$로 대응시켜보자. (같다는 게 아니라 방향을 확인하기 위해 대응시키는 것이다.)

$\vec{E}(z=0,\ t)=E_0\left(e^{-i\omega t}\hat{x}+e^{-i(\omega t-\frac{\pi}{2})}\hat{y}\right)=E_0(\cos\omega t,\sin\omega t)$가 된다. 이는 시간이 증가할 때 왼쪽으로 회전하는 벡터가 된다. 이를 좌원형 편광이라 한다.

② 우원형 편광

$(E_{0x}, E_{0y}) = (E_0, -iE_0)$

위와 같은 방식으로 전개하면

$$\vec{E}(z=0, t) = (E_0\hat{x} - iE_0\hat{y})e^{-i\omega t} = E_0(e^{-i\omega t}\hat{x} + e^{-i(\omega t + \frac{\pi}{2})}\hat{y})$$

➡ E_{0x}를 기준으로 E_{0y}의 위상이 $-\dfrac{\pi}{2}$만큼 차이난다.

$$\vec{E}(z=0, t) - E_0(e^{-i\omega t}\hat{x} + e^{-i(\omega t + \frac{\pi}{2})}\hat{y}) = E_0(\cos\omega t, -\sin\omega t)$$

이는 시간이 증가할 때 오른쪽으로 회전하는 벡터가 된다. 이를 우원형 편광이라 한다.

2. 편광 법칙

세기가 I_0인 자연광이 선형 편광판 1을 통과 후 세기가 I가 된 선형 편광파를 형성한다. 그리고 편광 방향과 θ만큼 기울어진 선형 편광판 2를 통과 후 세기가 I'인 선형 편광파를 형성한다고 하자.

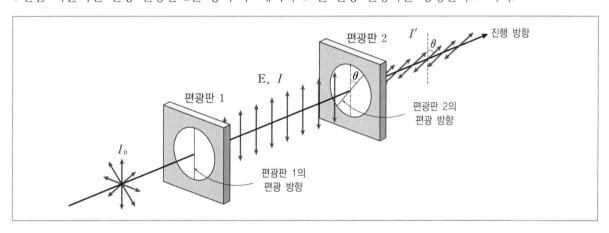

⑴ 편광 제1법칙

자연광이 선형 편광판을 통과할 때 빛의 세기는 $\dfrac{1}{2}I_0$이다.

$I_0 \propto E_0^2$

$I \propto \dfrac{1}{2\pi}\displaystyle\int_0^{2\pi}(E_0\cos\theta)^2 d\theta = \dfrac{1}{2}E_0^2$

$\therefore I = \dfrac{1}{2}I_0$

(2) 말뤼스 법칙

선형 편광된 빛이 편광 방향과 θ각을 이루는 선형 편광판을 통과할 때 빛의 세기는 $I' = I\cos^2\theta$ 이다. $E' = E\cos\theta$이므로 $I \propto E^2$이다. 따라서 $I' = I\cos^2\theta$ 이다.

세기가 I_0인 자연광이 선형 편광판 1과 선형 편광판 2를 통과 후에 세기는 $I' = \dfrac{1}{2}I_0\cos^2\theta$이 된다.

(3) 편광판

① 선형 편광판

특정 방향의 전기장 성분만 살아남도록 회절격자를 편성한 편광판

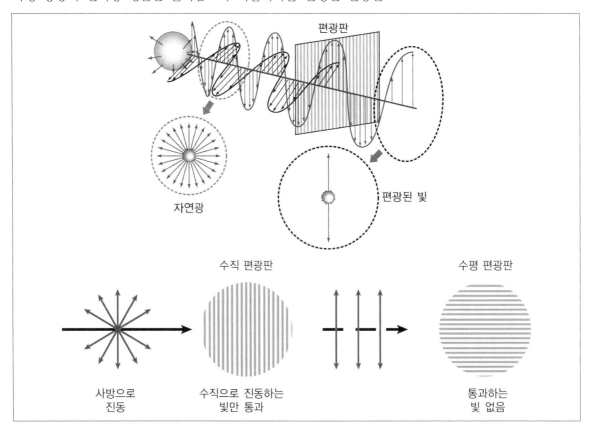

② 원형 편광판($\frac{1}{4}$ 파장판)

복굴절을 이용하여 x, y축의 위상차를 발생시키는 파장판

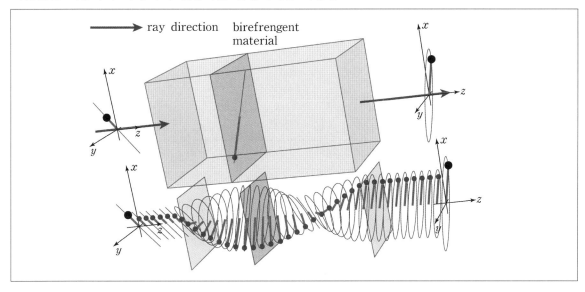

방해석과 같이 특정 진행 방향에 대해 x, y축 방향의 굴절률이 다른 물질을 이용하면 선형 편광된 빛을 원형 편광으로 만들 수가 있다.

x축을 빠른 축(굴절률이 작은 축), y축을 느린 축(굴절률이 큰 축)이라 하자.

두께가 d인 물질을 통과한다고 하면, 광경로는 각각 $n_x d$, $n_y d$이고, 광경로차는 $\Delta = (n_y - n_x)d$이다. 만약 적절히 두께를 조절하여 $\Delta = \frac{\lambda}{4}$로 차이가 나게 한다면 위상차는 $\Delta\phi = k\Delta = \frac{2\pi}{\lambda}\frac{\lambda}{4} = \frac{\pi}{2}$이다.

즉, y축의 위상이 x축보다 $\frac{\pi}{2}$만큼 차이가 나게 된다. 따라서 선형 편광의 빛을 복굴절의 물질을 이용하면 회전하는 원형 편광의 빛을 만들 수 있다.

3. 편광판의 활용(IT 디스플레이 장비의 주요기술)

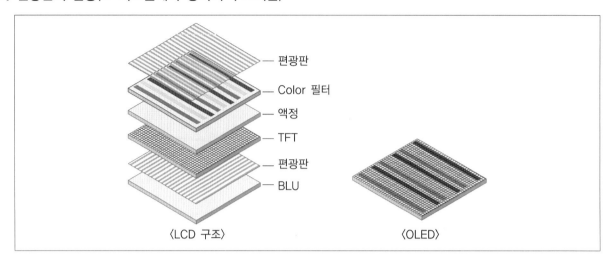

〈LCD 구조〉　　　　　　　　〈OLED〉

Back Light를 사용하는 LCD와는 달리 OLED는 스스로 빛을 만들어 발산하는 소자를 사용하기 때문에 편광을 사용해서 빛을 추출할 필요가 없다.

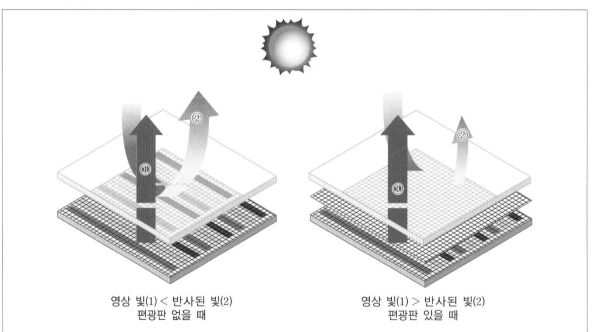

영상 빛(1) < 반사된 빛(2)　　　　　영상 빛(1) > 반사된 빛(2)
편광판 없을 때　　　　　　　　편광판 있을 때

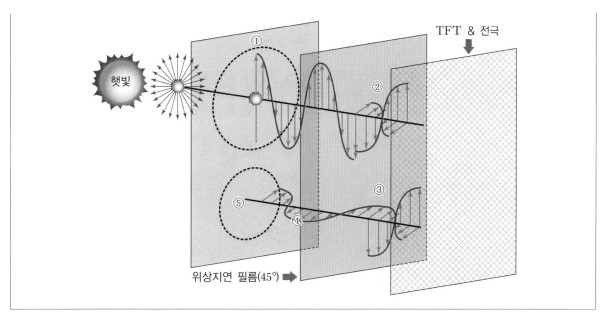

하지만 그림과 같은 경우 편광을 통해서 OLED의 성능을 개선할 수 있다. 그림의 상황을 설명하자면 외부의 조명 혹은 햇빛 때문에 OLED 디스플레이에서 나오는 빛이 묻힌다. 그렇기 때문에 외부에서 오는 빛이 OLED에 반사되는 것을 줄이는 것이 중요하다.

그림은 외부의 빛이 디스플레이에 부딪히고 반사되는 것을 줄이는 방법을 설명한 것이다. 설명을 더하자면 외부의 편광되지 않은 자연광은 수직 편광판에 의해서 수직으로 진동하는 성분만 남는다. 이후 위상지연 필름을 거쳐 45도가 더 뒤틀려 수직, 수평으로 진동하는 성분이 남는다.

이 빛은 반사가 되어 돌아올 것인데 다시 위상지연 필름에 의해서 45도가 뒤틀린다. 그럼 결과적으로 수직에서 90도가 뒤틀린 것이기 때문에 수평으로 진동하는 빛이 되고 이 빛은 수직 편광판을 통과하지 못해 디스플레이를 보는 사용자의 눈에 도달하지 못한다.

OLED에 사용한 원편광으로 인해 아주 밝은 곳에서도 OLED 디스플레이의 화면을 선명하게 즐길 수 있는 것이다.

13-29

예제1 다음 그림은 z축 방향으로 진행하는 편광되지 않은 단색광이 선형 편광자 및 $\frac{1}{4}$ 파장판을 통과하여 거울에서 반사되는 것을 모식적으로 나타낸 것이다. a는 단색광이 선형 편광자를 통과한 빛이고, b는 a가 $\frac{1}{4}$ 파장판을 통과한 빛이며, c는 b가 거울에서 반사된 빛이다. 선형 편광자의 투과축은 y축과 45° 기울어져 있고, $\frac{1}{4}$ 파장판의 빠른 축은 x축, 느린 축은 y축과 나란하다.

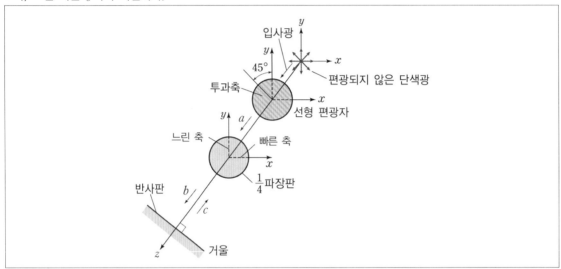

이때 a, b, c에 대한 설명으로 옳은 것만을 〈보기〉에서 있는 대로 고른 것은? (단, 입사광의 파장에서 $\frac{1}{4}$ 파장판 및 선형 편광자는 이상적으로 동작하며, 거울은 유전체 거울이다.)

┌ **보기** ├

ㄱ. a의 세기는 입사광 세기의 $\frac{1}{2}$ 이다.

ㄴ. b는 원형 편광된 빛이다.

ㄷ. b와 c의 위상차는 90°이다.

① ㄱ   ② ㄴ   ③ ㄱ, ㄴ   ④ ㄱ, ㄷ   ⑤ ㄴ, ㄷ

정답 ③

풀이

ㄱ. 편광 제1법칙 : 자연광이 선형 편광판을 통과 시 빛의 세기는 $\frac{1}{2}I_0$이다.

$$I_0 \propto E_0^2$$

$$I \propto \frac{1}{2\pi} \int_0^{2\pi} (E_0 \cos\theta)^2 d\theta = \frac{1}{2} E_0^2$$

$$\therefore I = \frac{1}{2} I_0$$

ㄴ. $\frac{1}{4}$ 파장판이라는 것은 λ의 위상이 2π이므로 위상차가 $\frac{2\pi}{4} = \frac{\pi}{2}$ 만큼 난다는 것이다. 즉, 공간상으로 느린 축의 위상이 $\frac{\pi}{2}$ 만큼 앞서게 되는 원형 편광이 된다.

$$E_x = E_0 e^{-i\omega t}, \; E_y = E_0 e^{-i\left(\omega t - \frac{\pi}{2}\right)}$$

임의의 시간에 대해 E_y성분이 E_x성분보다 위상이 $\frac{\pi}{2}$ 만큼 앞서게 된다. 즉, 반시계 방향으로 회전하는 좌원형 편광이다. $\frac{1}{4}$ 파장판에서 원형 편광을 파악하는 것은 초기 선형 편광자의 방향에 따라 달라지므로 원형 편광만 된다는 사실을 알아두고 방향은 크게 고려 안 해도 된다. 이를 정확히 알기 위해서는 Jones Vector와 Muller Matrices를 알아야 한다.

ㄷ. 고정단반사에서 위상차는 $180°$가 된다.

02 빛의 반사와 굴절

파동의 기본 성질은 $\omega = kv$, $n = \dfrac{c}{v} = \dfrac{ck}{\omega}$ 이다. 여기서 매질이 바뀌더라도 ω는 불변한다.

전자기파 $\overrightarrow{E}(r, \; t) = \overrightarrow{E_0} e^{i(kr - \omega t)}$의 반사와 굴절에 대해 알아보자.

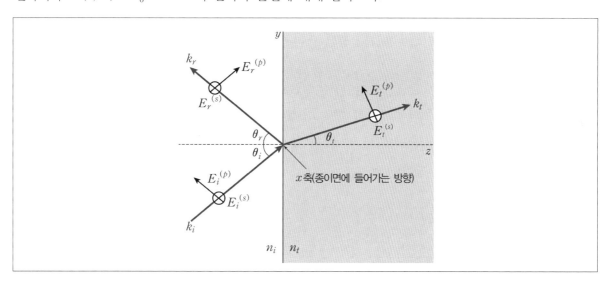

매질은 z축을 경계로 $n_1 : \; z < 0, \; n_2 > z$ 분할된다고 하자. 파는 xy평면에서 반사파와 굴절파가 분리된다고 하면, $z = 0$에서 입사광, 반사광, 굴절광이 만나므로 전기장의 위상은 동일하다. (고정단반사를 하더라도 π만큼 차이가 나므로 전기장 입장에서는 편광 방향이 동일하고 같다.)

$\vec{k}=(k_x,\ k_y,\ k_z),\ \vec{r}=(x,\ y,\ z)=(0,\ y,\ 0)$이므로 $k_i\sin\theta_i=k_r\sin\theta_r=k_t\sin\theta_t$이다.

$k=nk_0\ (\because\ \omega=kv=k\dfrac{c}{n}=k_0c)$

$n_i\sin\theta_i=n_i\sin\theta_r=n_t\sin\theta_t$를 만족하므로 파동의 반사법칙 $\theta_i=\theta_r$, 파동의 굴절법칙 $n_i\sin\theta_i=n_t\sin\theta_t$가 유도된다.

1. 파동의 에너지 보존

$$P=IA_{전파}=|\langle S\rangle|A_{전파}=\frac{E^2}{2\mu v}A\cos\theta\propto n\cos\theta\,E^2\ (\because\ \mu\simeq\mu_0,\ v=\frac{c}{v})$$

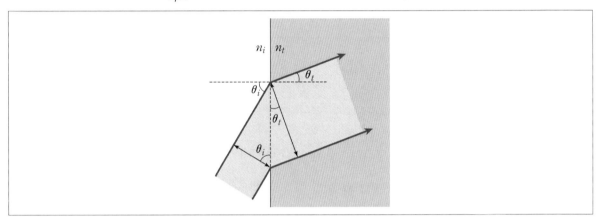

그림에서 입사광과 굴절광의 단면적($A_{전파}$)은 경계면에서 서로 공통으로 공유하는 A의 면적으로 표현이 가능하다.

입사파의 단면적은 $A\cos\theta_i$, 굴절광의 단면적은 $A\cos\theta_t$이다.

에너지 보존법칙에 의해서 입사광은 반사광과 굴절광으로 나뉘게 되므로 다음을 만족한다.

$n_i\cos\theta_i E_i^2=n_i\cos\theta_i E_r^2+n_t\cos\theta_t E_t^2$ …… ①

여기서 단위 시간당 에너지 세기의 비

$$\frac{P_r}{P_i}=R=\frac{n_i\cos\theta_i E_r^2}{n_i\cos\theta_i E_i^2}=\frac{E_r^2}{E_i^2}=r^2$$

$$\frac{P_t}{P_i}=T=\frac{n_t\cos\theta_t E_t^2}{n_i\cos\theta_i E_i^2}=\frac{n_t\cos\theta_t}{n_i\cos\theta_i}\frac{E_t^2}{E_i^2}=\frac{n_t\cos\theta_t}{n_i\cos\theta_i}t^2$$

$R+T=1$을 만족한다. ($\because$ **주의** $r^2+t^2\neq1$)

전자기파는 맥스웰 방정식 경계조건을 만족한다.

경계면에서 다음의 조건을 만족한다.

① $\nabla \cdot D = 0$

② $\nabla \times E = -\dfrac{\partial B}{\partial t}$

③ $\nabla \cdot B = 0$

④ $\nabla \times H = \epsilon \dfrac{\partial E}{\partial t}$

그런데 일반적인 교과서에서는 경계조건을 각각 정리해서 매우 복잡하게 반사와 굴절의 전기장의 비를 유도한다. 정통적인 방법으로 전자기파는 맥스웰 방정식을 만족해야 하고 경계조건 모두를 만족해야 함은 당연한데 TM, TE 각각의 경우에는 전기장과 자기장의 방향이 바뀌므로 경계조건이 조금씩 달라져서 맥스웰 방정식만을 사용하기에는 매우 복잡하다. 그래서 맥스웰 방정식에서 오직 경계조건 하나만 사용하여 TM, TE 모드를 증명하고자 한다. 사용하고자 하는 식은 전기장 진폭의 비를 유도해야 하므로 ② $\nabla \times E = -\dfrac{\partial B}{\partial t}$ 이다.

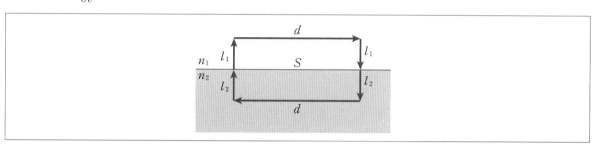

$$\int \vec{E} \cdot d\vec{l} = -\dfrac{\partial}{\partial t} \int \vec{B} \cdot d\vec{S}$$

그런데 $l_1 = l_2 \Rightarrow 0$으로 근사시켜도 논리적 문제가 없다.

따라서 $-\displaystyle\int \vec{B} \cdot d\vec{S} = 0$이다.

$\displaystyle\int \vec{E} \cdot d\vec{l} = 0$이므로, 경계조건에 의해서 루프 방향 전기장의 접선 성분은 연속이다.

즉, $E_1^{\parallel} = E_2^{\parallel}$을 만족한다.

※ 입사 평면의 정의

입사파와 반사파 및 투과파가 이루는 평면을 입사 평면이라 한다.

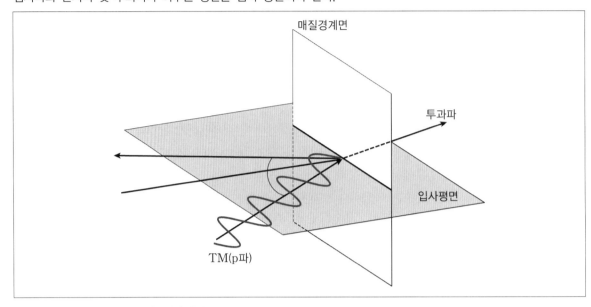

위에서 증명한 에너지 보존을 기억하자.

에너지 보존 ➡ $n_i \cos\theta_i E_i^2 = n_i \cos\theta_i E_r^2 + n_t \cos\theta_t E_t^2$ …… ①

조금 변형하면

$n_i \cos\theta_i (E_i^2 - E_r^2) = n_t \cos\theta_t E_t^2$

$n_i \cos\theta_i (E_i - E_r)(E_i + E_r) = n_t \cos\theta_t E_t^2$ …… ②

2. *TM* 편광(p-편광)

TM(Transverse Magnetic Field)과 p-편광의 첫 글자는 독일어 parallel(평행)에서 유래되었다. 자기장이 입사평면에 수직하고, 전기장은 평행하다.

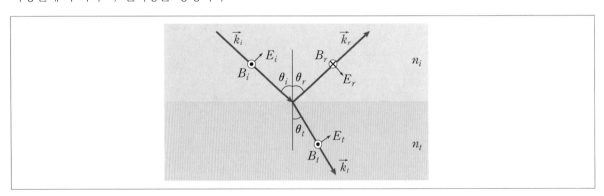

경계조건에 의해서 루프 방향 전기장의 접선 성분이 연속이다.

$E_1^{\parallel} = E_2^{\parallel}$ 조건을 활용하여 정리하면

$E_i \cos\theta_i + E_r \cos\theta_i - E_t \cos\theta_t = 0 \quad (\because \theta_i = \theta_r)$

$\cos\theta_i(E_i + E_r) = E_t \cos\theta_2 \quad \cdots\cdots ③$

에너지 보존식 ➡ $n_i \cos\theta_i(E_i - E_r)(E_i + E_r) = n_t \cos\theta_t E_t^2 \quad \cdots\cdots ②$

③식을 ②식에 넣어 정리하면

$n_i(E_i - E_r) = n_t E_t \quad \cdots\cdots ④$

그러면 1차식으로 변환된다.

전기장의 비 $r = \dfrac{E_r}{E_i}, \; t = \dfrac{E_t}{E_i}$ 라 하면

③식과 ④식을 연립하면

$\cos\theta_i(E_i + E_r) = E_t \cos\theta_t \quad \cdots\cdots ③$

➡ $\cos\theta_i(1 + r) = t\cos\theta_t$

➡ $-\cos\theta_i r + \cos\theta_t t = \cos\theta_i \quad \cdots\cdots ③'$

$n_i(E_i - E_r) = n_i E_t \quad \cdots\cdots ④$

➡ $n_i(1 - r) = n_2 t$

➡ $n_i r + n_t t = n_i \quad \cdots\cdots ④'$

변형된 ③′식과 ④′식을 행렬식으로 연립하여 구하면

$\begin{pmatrix} -\cos\theta_i & \cos\theta_t \\ n_i & n_t \end{pmatrix}\begin{pmatrix} r \\ t \end{pmatrix} = \begin{pmatrix} \cos\theta_i \\ n_i \end{pmatrix}$

$\begin{pmatrix} r \\ t \end{pmatrix} = \dfrac{1}{-n_i\cos\theta_t - n_t\cos\theta_i}\begin{pmatrix} n_t & -\cos\theta_t \\ -n_i & -\cos\theta_i \end{pmatrix}\begin{pmatrix} \cos\theta_i \\ n_i \end{pmatrix} = \dfrac{1}{n_i\cos\theta_t + n_t\cos\theta_i}\begin{pmatrix} n_i\cos\theta_t - n_t\cos\theta_i \\ 2n_i\cos\theta_i \end{pmatrix}$

$$r_{TM} = r_p = \frac{n_i\cos\theta_t - n_t\cos\theta_i}{n_i\cos\theta_t + n_t\cos\theta_i} = \frac{k_i\cos\theta_t - k_t\cos\theta_i}{k_i\cos\theta_t + k_t\cos\theta_i}$$

$$t_{TM} = t_p = \frac{2n_i\cos\theta_i}{n_i\cos\theta_t + n_t\cos\theta_i} = \frac{2k_i\cos\theta_i}{k_i\cos\theta_t + k_t\cos\theta_i}$$

$$\frac{P_r}{P_i} = R_p = \frac{n_i\cos\theta_i E_r^2}{n_i\cos\theta_i E_i^2} = \frac{E_r^2}{E_i^2} = r_p^2$$

$$\frac{P_t}{P_i} = T_p = \frac{n_t\cos\theta_t E_t^2}{n_i\cos\theta_i E_i^2} = \frac{n_t\cos\theta_t}{n_i\cos\theta_i}\frac{E_t^2}{E_i^2} = \frac{n_t\cos\theta_t}{n_i\cos\theta_i}t_p^2 = \frac{k_t\cos\theta_t}{k_i\cos\theta_i}t_p^2$$

주의해야 할 것은 에너지 투과비 T는 t와 다르다는 것을 숙지해야 한다.

$P = IA = |\langle S \rangle|A = \dfrac{E^2}{2\mu v}A\cos\theta \propto n\cos\theta\, E^2 \,(\because \mu \simeq \mu_0, \; v = \dfrac{c}{v})$

TM 편광(p-편광)에서 R이 0 또는 1이 되는 조건을 구해보자.

(1) 브루스터 각 θ_B

TM 편광(p-편광)에서 $R = 0$

$$r_{TM} = r_p = \frac{n_i \cos\theta_t - n_t \cos\theta_i}{n_i \cos\theta_t + n_t \cos\theta_i} = 0 \; \blacktriangleright \; n_i \cos\theta_t = n_t \cos\theta_i$$

스넬의 법칙 $n_i \sin\theta_i = n_t \sin\theta_t$ 과 연립하면

$$\frac{\cos\theta_t}{\sin\theta_i} = \frac{\cos\theta_i}{\sin\theta_t}$$

$$\sin\theta_i \cos\theta_i = \sin\theta_t \cos\theta_t$$

$$\sin 2\theta_i = \sin 2\theta_t$$

$$2\theta_i = \pi - 2\theta_t$$

$$\theta_i + \theta_t = \frac{\pi}{2}$$

$$\theta_i = \theta_B = \frac{\pi}{2} - \theta_t$$

이 식을 스넬의 법칙에 대입하면

브루스터 조건 : $\tan\theta_B = \dfrac{n_t}{n_i}$

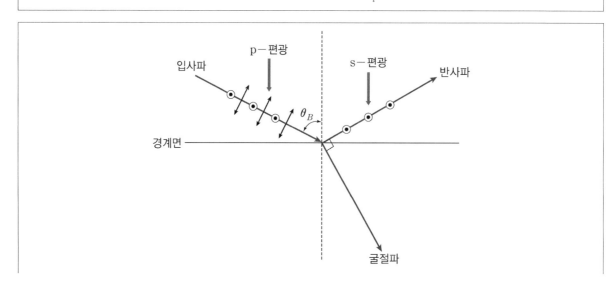

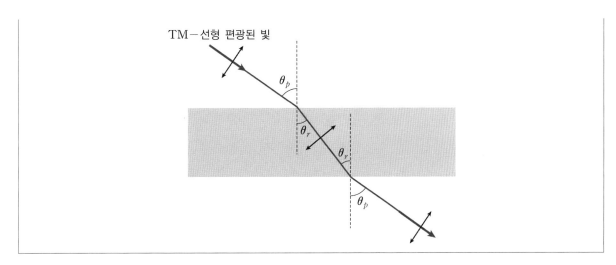

TM 편광(p-편광)된 빛은 브루스터 각에서 반사율일 0이므로 모두 투과가 일어나게 된다.

(2) 전반사(TM, TE) 모두 일어난다.

$$T_{TM} = \frac{n_t \cos\theta_t}{n_i \cos\theta_i} t^2, \ \ t_{TM} = t_p = \frac{2n_i \cos\theta_i}{n_i \cos\theta_t + n_t \cos\theta_i}$$

$$T_{TM} = T_p = \frac{4n_i \cos\theta_i n_t \cos\theta_t}{(n_i \cos\theta_t + n_t \cos\theta_i)^2} = 0$$

➡ $\theta_t = \dfrac{\pi}{2}$ 일 때 발생된다.

스넬의 법칙에 대입하면 $n_i \sin\theta_c = n_t$ 이므로 전반사가 일어나기 위한 임계각은 $\sin\theta_c = \dfrac{n_t}{n_i} < 1$이다.

즉, $n_i > n_t$ 를 만족해야 한다.

전반사 임계각일 때 굴절각이 $\theta_t = \dfrac{\pi}{2}$ 이므로 브루스터 조건 $\theta_i = \theta_B = \dfrac{\pi}{2} - \theta_t$ 과 비교하면 브루스터 각 $\theta_B < \theta_c$ 이다.

3. *TE* 편광(s−편광)

TE(Transverse Electric Field)과 s−편광의 첫 글자는 독일어 senkrecht(수직)에서 유래되었다. 전기장이 입사평면에 수직하고, 자기장은 평행하다.

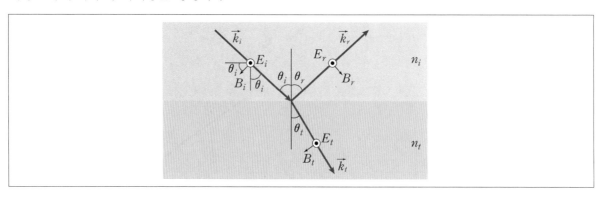

경계조건에 의해서 루프 방향 전기장의 접선 성분이 연속이다.

$E_1^\parallel = E_2^\parallel$ 조건을 활용하여 정리하면

$E_i + E_r - E_t = 0$ 정리하면

$E_i + E_r = E_t$ ······ ③

에너지 보존식 ➡ $n_i \cos\theta_i (E_i - E_r)(E_i + E_r) = n_t \cos\theta_t E_t^2$ ······ ②

③식을 ②식에 넣어 정리하면

$n_i \cos\theta_i (E_i - E_r) = n_t \cos\theta_t E_t$ ······ ④

그러면 1차식으로 변환된다. 전기장의 비 $r = \dfrac{E_r}{E_i}$, $t = \dfrac{E_t}{E_i}$ 라 하면

③식과 ④식을 연립하면

$E_i + E_r = E_t$ ······ ③

➡ $(1 + r) = t$

➡ $-r + t = 1$ ······ ③′

$n_i \cos\theta_i (E_i - E_r) = n_t \cos\theta_t E_t$ ······ ④

➡ $n_i \cos\theta_i (1 - r) = n_t \cos\theta_t t$

➡ $n_i \cos\theta_i r + n_t \cos\theta_t t = n_i \cos\theta_i$ ······ ④′

④′식과 ③′식을 행렬식으로 연립하면

$$\begin{pmatrix} n_i \cos\theta_i & n_t \cos\theta_t \\ -1 & 1 \end{pmatrix} \begin{pmatrix} r \\ t \end{pmatrix} = \begin{pmatrix} n_i \cos\theta_i \\ 1 \end{pmatrix}$$

$$\begin{pmatrix} r \\ t \end{pmatrix} = \frac{1}{n_i \cos\theta_i + n_t \cos\theta_t} \begin{pmatrix} 1 & -n_t \cos\theta_t \\ 1 & n_i \cos\theta_i \end{pmatrix} \begin{pmatrix} n_i \cos\theta_i \\ 1 \end{pmatrix} = \frac{1}{n_i \cos\theta_i + n_t \cos\theta_t} \begin{pmatrix} n_i \cos\theta_i - n_t \cos\theta_t \\ 2 n_i \cos\theta_i \end{pmatrix}$$

$$r_{TE} = r_s = \frac{n_i \cos\theta_i - n_t \cos\theta_t}{n_i \cos\theta_i + n_t \cos\theta_t} = \frac{k_i \cos\theta_i - k_t \cos\theta_t}{k_i \cos\theta_i + k_t \cos\theta_t}$$

$$t_{TE} = t_s = \frac{2 n_i \cos\theta_i}{n_i \cos\theta_i + n_t \cos\theta_t} = \frac{2 k_i \cos\theta_i}{k_i \cos\theta_i + k_t \cos\theta_t}$$

$$\frac{P_r}{P_i} = R_s = \frac{n_i \cos\theta_i E_r^2}{n_i \cos\theta_i E_i^2} = \frac{E_r^2}{E_i^2} = r_s^2$$

$$\frac{P_t}{P_i} = T_s = \frac{n_t \cos\theta_t E_t^2}{n_i \cos\theta_i E_i^2} = \frac{n_t \cos\theta_t}{n_i \cos\theta_i} \frac{E_t^2}{E_i^2} = \frac{n_t \cos\theta_t}{n_i \cos\theta_i} t_s^2 = \frac{k_t \cos\theta_t}{k_i \cos\theta_i} t_s^2$$

만족하는 $R_s = 0$이 없다. 즉, $TE(s-$편광$)$에서는 브루스터 현상은 일어나지 않는다.

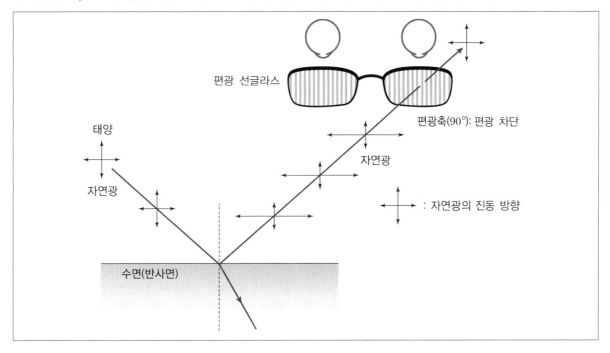

TM 편광(p-편광)된 빛은 브루스터 각에서 반사율이 0이므로 자연광에서 p-편광된 빛이 상대적으로 약하게 된다. 그래서 우리가 스키장이나 강, 바다에서 수평면과 수직인 편광축 선글라스를 사용하는 것이다. 그래야 효율적인 빛의 차단효과를 갖는다.

$TE(s-$편광$)$에서 전반사는 TM 편광(p-편광)과 동일한 조건을 갖는다.

$n_i < n_t$일 때 전기장의 진폭의 비와 에너지비를 그려보면 다음과 같다.

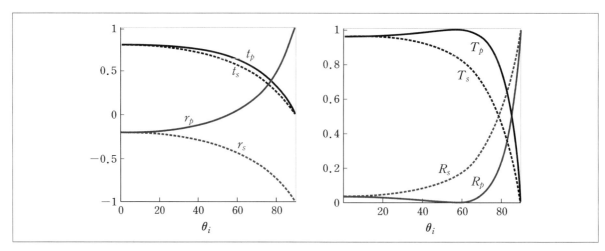

그리고 굴절률의 조건에 따라 반사율 R의 그래프를 그려보면 브루스터 각과 전반사의 각의 차이를 확인 가능하다.

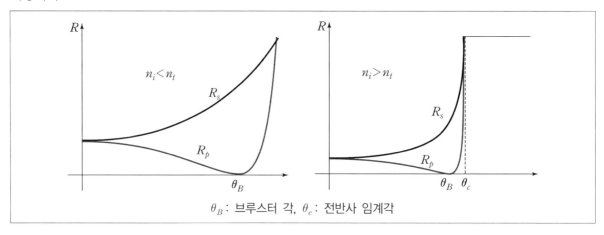

θ_B : 브루스터 각, θ_c : 전반사 임계각

03 얇은 박막의 다중 빛 간섭

1. 스토크스 관계식

굴절률 n_1인 공간에서 n_2인 공간으로 전기장 E가 입사하여 반사할 때의 반사계수 r, 투과계수 t라 하고, 반대로 굴절률 n_2인 공간에서 n_1인 공간으로 전기장 E가 입사하여 반사할 때의 반사계수 r', 투과계수 t'라 하자.

그림 (가)의 상황은 시간을 역행시킬 때의 모습을 나타낸 것이다.

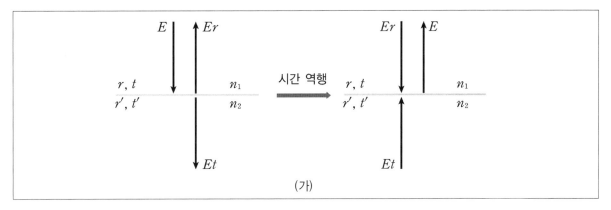

(가)

그런데 그림 (나)처럼 Er의 빛을 매질 n_1에서 n_2으로 입사시키고, Et의 빛을 n_2매질에서 n_1으로 입사시킨 상황과 시간 역행 상황과 구별이 되지 않는다. 따라서 $Etr' + Ert = 0$과 $Ett' + Er^2 = E$을 만족해야 한다.

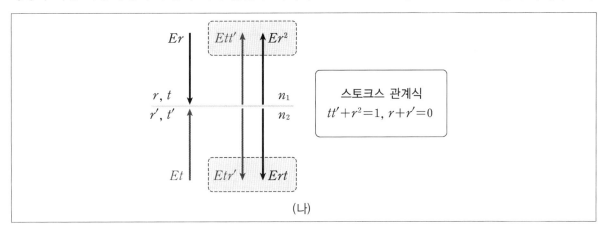

(나)

2. 박막 간섭 반사율과 투과율

⑴ 굴절률이 n_i인 공간에 굴절률이 n_t인 박막이 존재하는 경우

다음 그림과 같이 굴절률이 n_t이고 두께가 d인 얇은 박막이 굴절률 n_i인 공간에 놓여있다. 빛이 입사각 θ_i로 입사하여 굴절각 θ_t로 굴절한 다음 여러 번에 걸쳐 굴절과 반사를 이어간다고 하자.

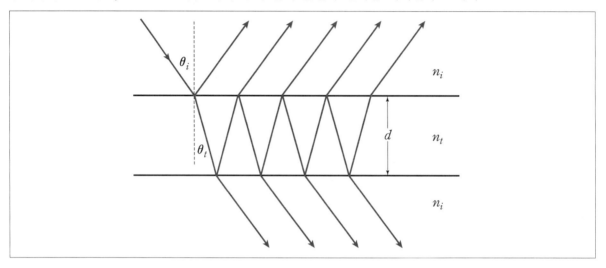

이를 반사율과 투과율로 표면하면 아래와 같다.

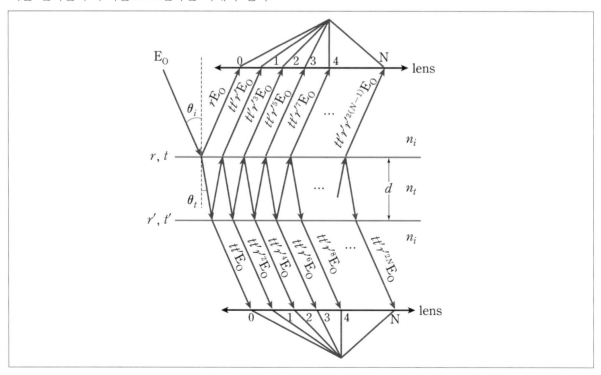

Chapter 01에서 했던 인접한 반사광 사이의 광경로차는 $\Delta_{광} = 2n_t d\cos\theta_t$이고, 위상차는 $\phi = k_i \Delta_{광}$이다. 반사광을 순차적으로 나열하면 다음과 같다.

$E_{r0} = rE_0$, $E_{r1} = tt'r'E_0 e^{i\phi}$, $E_{r2} = tt'r'^3 E_0 e^{i2\phi}$, $E_{r3} = tt'r'^5 E_0 e^{i3\phi}$, $\cdots$ $E_{rN} = tt'r'^{(2N-1)} E_0 e^{iN\phi}$

$$\begin{aligned} E_{반사} &= \sum_{i=0}^{i=\infty} E_{ri} \\ &= E_0\left(r + tt'r'(e^{i\phi} + r'^2 e^{i2\phi} + r'^4 e^{i3\phi} + \cdots)\right) \\ &= E_0\left(r + tt'r'\left(\frac{e^{i\phi}}{1 - r'^2 e^{i\phi}}\right)\right) \end{aligned}$$

스토크스 관계식 $r + r' = 0$, $tt' = 1 - r^2$을 이용하여 다시 정리하면 다음과 같다.

$$\begin{aligned} E_{반사} &= \sum_{i=0}^{i=\infty} E_{ri} \\ &= E_0\left(r + tt'r'(e^{i\phi} + r'^2 e^{i2\phi} + r'^4 e^{i3\phi} + \cdots)\right) \\ &= E_0\left(r - \frac{(1-r^2)re^{i\phi}}{1 - r^2 e^{i\phi}}\right) \\ &= E_0 r\left(1 - \frac{(1-r^2)e^{i\phi}}{1 - r^2 e^{i\phi}}\right) \\ &= E_0 r\left(\frac{1 - e^{i\phi}}{1 - r^2 e^{i\phi}}\right) \end{aligned}$$

$$\begin{aligned} R &= \left|\frac{E_{반사}}{E_0}\right|^2 \\ &= \left(\frac{E_{반사}}{E_0}\right)\left(\frac{E_{반사}}{E_0}\right)^* \\ &= r^2\left(\frac{1 - e^{i\phi}}{1 - r^2 e^{i\phi}}\right)\left(\frac{1 - e^{-i\phi}}{1 - r^2 e^{-i\phi}}\right) \\ &= r^2\left(\frac{2 - (e^{i\phi} + e^{-i\phi})}{1 + r^4 - r^2(e^{i\phi} + e^{-i\phi})}\right) \\ &= r^2\left(\frac{2 - 2\cos\phi}{1 + r^4 - 2r^2\cos\phi}\right) \end{aligned}$$

$$R = 2r^2\left(\frac{1 - \cos\phi}{1 + r^4 - 2r^2\cos\phi}\right), \quad T = \frac{(1-r^2)^2}{1 + r^4 - 2r^2\cos\phi} = 1 - R$$

① 반사율 최소 조건(투과율 최대)

$\cos\phi = 1$ ➡ $\phi = k\Delta_{광} = 2\pi m$

$\Delta_{광} = 2n_t d\cos\theta_t = m\lambda$

$R = 0$, $T = 1$ 가능

② 반사율 최대 조건(투과율 최소)

$$\cos\phi = -1: \quad \Rightarrow \quad \phi = k\Delta_{광} = (2m+1)\pi$$

$$\Delta_{광} = 2n_t d\cos\theta_t = \frac{2m+1}{2}\lambda$$

$$R_{\max} = \frac{4r^2}{(1+r^2)^2} = \left(\frac{2r}{1+r^2}\right)^2 < 1, \quad T_{\min} = \left(\frac{1-r^2}{1+r^2}\right)^2$$

100% 투과는 가능하지만 100% 반사는 불가능하다.

얇은 박막의 다중 빛 간섭인 경우에도 인접한 두 반사광의 광경로차가 보강, 상쇄간섭을 결정한다. 보강, 상쇄는 고정단반사와 자유단반사에 의한 위상변화를 고려하며 계산하면 간단히 해결이 된다. 그리고 뒤에 일반적인 경우에도 투과율의 분자는 광경로차와 무관하고, 분모가 광경로차에 연관이 있으므로 투과율로 보강, 상쇄를 생각하면 논리적으로 쉽게 접근이 가능하다.

⑵ **박막의 위, 아래가 굴절률이 n_1, n_3으로 일반적인 상황인 경우**

$n_1 \Rightarrow n_2$인 경우 경계면 1에서 반사 계수와 투과 계수를 각각 r_1, r_2

$n_2 \Rightarrow n_1$인 경우 경계면 1에서 반사 계수와 투과 계수를 각각 $r_1{'}$, $t_1{'}$

$n_2 \Rightarrow n_3$인 경우 경계면 2에서 반사 계수와 투과 계수를 각각 r_2, t_2

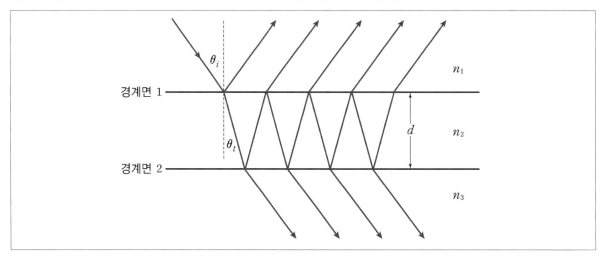

반사광의 반사계수를 순차적으로 나열하면 r_1, $t_1 r_2 t_1{'} e^{i\phi}$, $t_1 r_2 r_1{'} r_2 t_1{'} e^{2i\phi}$, $t_1 r_2 (r_1{'} r_2)^2 t_1{'} e^{3i\phi}$, $\cdots$이다.

$$\frac{E_{반사}}{E_0} = r_1 + t_1 r_2 t_1{'} e^{i\phi}(1 + r_1{'} r_2 e^{i\phi} + (r_1{'} r_2)^2 e^{2i\phi} + \cdots) = r_1 + t_1 r_2 t_1{'} e^{i\phi}\left(\frac{1}{1 - r_1{'} r_2 e^{i\phi}}\right)$$

경계면 1에서 스토크스 관계식 $r_1' = -r_1$, $r_1^2 + t_1t_1' = 1$을 이용하면

$$\frac{E_{반사}}{E_0} = r_1 + t_1 r_2 t_1' e^{i\phi}(1 + r_1' r_2 e^{i\phi} + (r_1' r_2)^2 e^{2i\phi} + \cdots)$$

$$= r_1 + t_1 r_2 t_1' e^{i\phi}\left(\frac{1}{1 + r_1 r_2 e^{i\phi}}\right)$$

$$= \frac{r_1(1 + r_1 r_2 e^{i\phi}) + t_1 t_1' r_2 e^{i\phi}}{1 + r_1 r_2 e^{i\phi}}$$

$$= \frac{r_1 + (r_1^2 + t_1 t_1')r_2 e^{i\phi}}{1 + r_1 r_2 e^{i\phi}}$$

$$= \frac{r_1 + r_2 e^{i\phi}}{1 + r_1 r_2 e^{i\phi}}$$

$$R = \frac{r_1^2 + r_2^2 + 2r_1 r_2 \cos\phi}{1 + r_1^2 r_2^2 + 2r_1 r_2 \cos\phi}, \quad T = \frac{1 + r_1^2 r_2^2 - r_1^2 - r_2^2}{1 + r_1^2 r_2^2 + 2r_1 r_2 \cos\phi} = 1 - R$$

① $n_1 < n_2 < n_3$ or $n_1 > n_2 > n_3$인 경우

ㄱ 반사율 최소 조건(투과율 최대): $\cos\phi = -1$ ➡ $\phi = k\Delta_{광} = (2m+1)\pi$

$\Delta_{광} = 2n_t d \cos\theta_t = \frac{2m+1}{2}\lambda$

ㄴ 반사율 최대 조건(투과율 최소): $\cos\phi = 1$ ➡ $\phi = k\Delta_{광} = 2\pi m$

$\Delta_{광} = 2n_t d \cos\theta_t = m\lambda$

② $n_1 < n_2 > n_3$ or $n_1 > n_2 < n_3$인 경우

ㄱ 반사율 최소 조건(투과율 최대): $\cos\phi = 1$ ➡ $\phi = k\Delta_{광} = 2\pi m$

$\Delta_{광} = 2n_t d \cos\theta_t = m\lambda$

ㄴ 반사율 최대 조건(투과율 최소): $\cos\phi = -1$ ➡ $\phi = k\Delta_{광} = (2m+1)\pi$

$\Delta_{광} = 2n_t d \cos\theta_t = \frac{2m+1}{2}\lambda$

24-A10

예제2 그림 (가)는 진공에서의 파장이 λ인 빛을 이용하여 기판 위에 놓인 두께 d인 박막의 반사율을 측정하는 장치를 나타낸 것이다. 기판의 굴절률은 n_s이며 박막의 굴절률은 n이다. 그림 (나)는 $n > n_s$일 때 (가)에서 두께 d를 변화시키며 측정한 반사율을 나타낸 것이다.

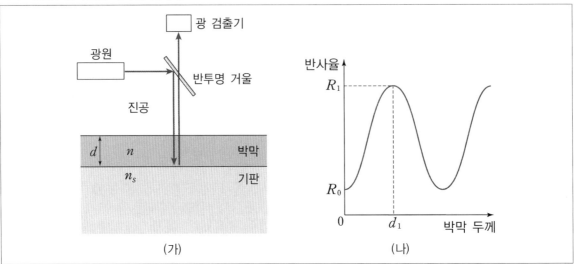

반사율이 R_1이 되는 최소 박막 두께 d_1을 풀이 과정과 함께 구하시오. 최소 반사율이 $R_0 = 0.04$이고 최대 반사율이 $R_1 = 0.25$일 때, n_s와 n을 구하시오. (단, 기판으로 투과된 빛은 되돌아오지 않는다. 진공의 굴절률은 1이다.)

┌ **자료** ├

그림 (가)와 같은 장치에서 빛의 반사율 : $R = \dfrac{n^2(n_s-1)^2\cos^2\delta + (n^2-n_s)^2\sin^2\delta}{n^2(n_s+1)^2\cos^2\delta + (n^2+n_s)^2\sin^2\delta}, \left(\because \delta = 2\pi\dfrac{d}{(\lambda/n)}\right)$

정답 1) $d_1 = \dfrac{\lambda}{4n}$, 2) $n_s = \dfrac{3}{2}, n = \dfrac{3}{\sqrt{2}}$

풀이

이 문제는 (2) − ②의 $n_1 < n_2 > n_3$인 경우에 해당한다. 먼저 반사율 R을 증명해 보자.

$\phi = 2\delta = \dfrac{2\pi}{\lambda}(2nd)$

$r_1 = \dfrac{1-n}{1+n},\ r_2 = \dfrac{n-n_s}{n+n_s},\ t_1 = \dfrac{2}{1+n},\ t_1' = \dfrac{2n}{1+n}$

$\cos\phi = \cos2\delta = \cos^2\delta - \sin^2\delta$

$$R = \frac{r_1^2 + r_2^2 + 2r_1r_2\cos\phi}{1 + r_1^2r_2^2 + 2r_1r_2\cos\phi}$$

$$= \frac{r_1^2(\cos^2\delta + \sin^2\delta) + r_2^2(\cos^2\delta + \sin^2\delta) + 2r_1r_2(\cos^2\delta - \sin^2\delta)}{\cos^2\delta + \sin^2\delta + r_1^2r_2^2(\cos^2\delta + \sin^2\delta) + r_1^2r_2^2 + 2r_1r_2(\cos^2\delta - \sin^2\delta)}$$

$$= \frac{(r_1^2 + 2r_1r_2 + r_2^2)\cos^2\delta + (r_1^2 - 2r_1r_2 + r_2^2)\sin^2\delta}{(1 + 2r_1r_2 + r_1^2r_2^2)\cos^2\delta + (1 - 2r_1r_2 + r_1^2r_2^2)\sin^2\delta}$$

$$= \frac{(r_1 + r_2)^2\cos^2\delta + (r_1 - r_2)^2\sin^2\delta}{(1 + r_1r_2)^2\cos^2\delta + (1 - r_1r_2)^2\sin^2\delta}$$

$$= \frac{\left(\frac{(1-n)}{(1+n)} + \frac{(n-n_s)}{(n+n_s)}\right)^2\cos^2\delta + \left(\frac{(1-n)}{(1+n)} + \frac{(n-n_s)}{(n+n_s)}\right)^2\sin^2\delta}{\left(1 + \frac{(1-n)(n-n_s)}{(1+n)(n+n_s)}\right)^2\cos^2\delta + \left(1 - \frac{(1-n)(n-n_s)}{(1+n)(n+n_s)}\right)^2\sin^2\delta}$$

$$= \frac{((1-n)(n+n_s) + (1+n)(n-n_s))^2\cos^2\delta + ((1-n)(n+n_s) - (1+n)(n-n_s))^2\sin^2\delta}{((1+n)(n+n_s) + (1-n)(n-n_s))^2\cos^2\delta + ((1+n)(n+n_s) - (1-n)(n-n_s))^2\sin^2\delta}$$

$$\therefore R = \frac{n^2(n_s-1)^2\cos^2\delta + (n^2-n_s)^2\sin^2\delta}{n^2(n_s+1)^2\cos^2\delta + (n^2+n_s)^2\sin^2\delta}, \quad T = \frac{4n^2n_s}{n^2(n_s+1)^2\cos^2\delta + (n^2+n_s)^2\sin^2\delta}$$

반사율이 최대가 되기 위해서는 $\Delta_{광} = 2nd\cos\theta = \frac{2m+1}{2}\lambda$이므로 d의 최솟값 d_1은 $m = 0$일 때이다.

$$\therefore d_1 = \frac{\lambda}{4n}$$

위상차 ϕ는 반사율이 최소일 때 0이고, 최대일 때 π이다. 따라서 $\phi = 2\delta = \frac{2\pi}{\lambda}(2nd)$ 관계로부터 반사율이 최소일 때는

$\delta = 0$이고, 반사율이 최대일 때 $\delta = \frac{\pi}{2}$이다.

$d = 0$에서 반사율이 최소이므로

$$R_0 = \frac{n^2(n_s-1)^2}{n^2(n_s+1)^2} = 0.04 \;\blacktriangleright\; \frac{(n_s-1)}{(n_s+1)} = 0.2$$

$$\therefore n_s = \frac{3}{2}$$

$d = d_1$에서 반사율이 최대이므로 $\delta = \frac{\pi}{2}$이다.

$$R_1 = \frac{(n^2-n_s)^2}{(n^2+n_s)^2} = 0.25 \;\blacktriangleright\; \frac{(n^2-n_s)}{(n^2+n_s)} = 0.5$$

$$\therefore n = \frac{3}{\sqrt{2}}$$

연습문제

✦ 정답_ 193p

07-22

01 다음 그림과 같이 세 개의 선편광기가 일렬로 정렬되어 있다. 선편광기의 투과축 방향은 x축에 대해 $\theta_i (i = 1, \ 2, \ 3)$의 각도로 배열되어 있다.

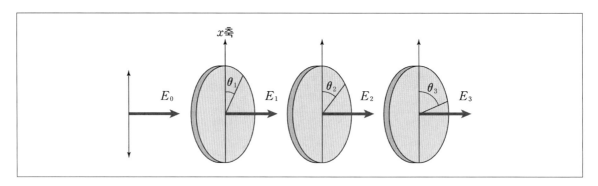

이때 x축과 평행하게 선편광된 전기장이 E_0의 진폭으로 왼쪽에서 입사하여 세 개의 선편광기를 투과한 후의 투과율을 θ_i의 함수로 구하고, $\theta_1 = \dfrac{\pi}{4}$, $\theta_2 = \dfrac{\pi}{2}$, $\theta_3 = \dfrac{3\pi}{4}$ 일 때의 투과율을 계산하시오.

02 세기가 I_0인 편광되지 않은 빛이 첫 번째 선형 편광판을 통과하여 세기가 I_1가 되었다. 그리고 첫 번째 편광판과 편광축이 θ만큼 기울어진 두 번째 편광판이 있다. 두 번째 편광판은 중심을 축으로 $\theta = \omega t$로 즉, 일정한 각속도 ω로 회전하고 있다. 두 번째 편광판을 통과할 때 빛의 세기가 I_2이다. 그리고 두 번째 편광판과 거리 L만큼 떨어진 위치에 거울이 있고 빛은 완전 반사되어 다시 두 번째 편광판을 통과할 때 빛의 세기가 I_3이다.

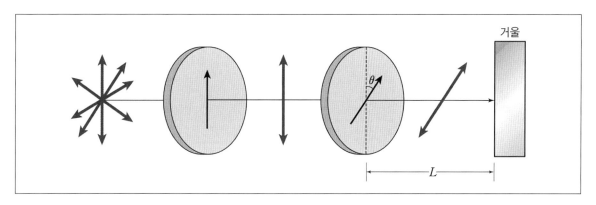

이때 I_1, I_2를 각각 구하고, I_3가 0이 될 최소의 거리 L을 구하시오. (단, 실험은 진공에서 이뤄지고 진공에서 빛의 속력은 c이다.)

17-A06

03 양($+$)의 z축 방향으로 진행하는 전자기파의 전기장이 $\vec{E}(z,\ t) = (E_0\,\hat{x} + iE_0\,\hat{y})e^{i(kz-\omega t)}$ 일 때, 이 전자기파의 편광 상태(종류와 방향)를 쓰시오. (단, E_0은 실수인 상수이고, $e^{i\theta} = \cos\theta + i\sin\theta$ 이다.)

14-A11

04 다음 그림은 빛이 굴절률 $n_1 = 1.0$인 공기 중에서 굴절률 $n_2 = 1.5$인 물질로 경계면에 수직하게 입사하는 것을 나타낸 것이다. 물질은 $z \geq 0$인 공간에 채워져 있으며, 입사하는 빛은 x축으로 편광된 평면파이다. 입사하는 빛, 반사하는 빛, 투과하는 빛의 전기장 벡터와 자기장 벡터는 각각 다음과 같으며 $\dfrac{\omega}{k_1} = c$, $\dfrac{\omega}{k_2} = \dfrac{c}{n_2}$ 이다.

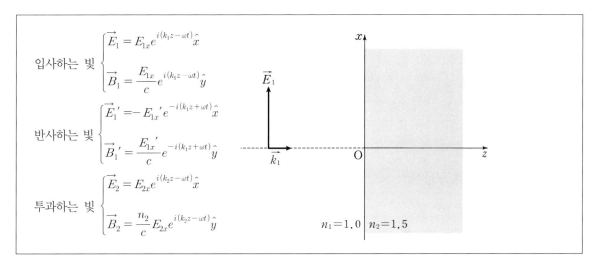

이때 입사하는 빛과 투과하는 빛의 전기장 진폭의 비 $\dfrac{E_{2x}}{E_{1x}}$ 를 구하시오.

05 다음 그림과 같이 공기에서 파장이 λ인 단색광이 입사각 θ로 얇은 막에 입사하여 진행한다. 얇은 막의 두께는 d이고 굴절률은 $\dfrac{3}{2}$이다. a, b는 각각 경계면 A, B에서 반사된 빛이나. 경계면은 x축에 나란하고, z축에 수직하다. 단색광은 전기장이 xz평면에 나란한 TM 편광(p-편광)된 평면파이다.

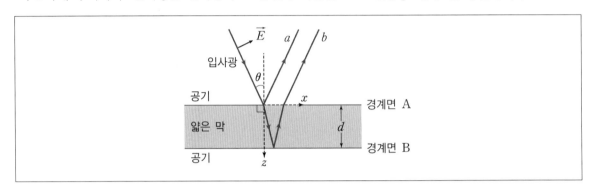

$\theta = 0$일 때, a와 b의 광경로차를 쓰고, a와 b의 합성된 빛의 세기가 최소가 되기 위한 d의 최소 두께를 풀이 과정과 함께 구하시오. 또한 $\theta = 0$일 때, a와 b의 전기장 진폭의 크기의 비 $\dfrac{E_b}{E_a}$를 구하시오. (단, 공기의 굴절률은 1이다.)

─┤ **자료** ├─

입사와 반사 빛 투과의 전기장과 자기장의 관계는 다음과 같다.

입사하는 빛 $\begin{cases} \vec{E_1} = E_{1x}e^{i(k_1 z - \omega t)}\hat{x} \\[2mm] \vec{B_1} = \dfrac{n_1}{c}E_{1x}e^{i(k_1 z - \omega t)}\hat{y} \end{cases}$

반사하는 빛 $\begin{cases} \vec{E_1}' = -E_{1x}'e^{-i(k_1 z + \omega t)}\hat{x} \\[2mm] \vec{B_1}' = \dfrac{n_1}{c}E_{1x}'e^{-i(k_1 z + \omega t)}\hat{y} \end{cases}$

투과하는 빛 $\begin{cases} \vec{E_2} = E_{2x}e^{i(k_2 z - \omega t)}\hat{x} \\[2mm] \vec{B_2} = \dfrac{n_2}{c}E_{2x}e^{i(k_2 z - \omega t)}\hat{y} \end{cases}$

여기서 $\dfrac{\omega}{k_1} = \dfrac{c}{n_1}$, $\dfrac{\omega}{k_2} = \dfrac{c}{n_2}$이다.

22-A09

06 다음 그림과 같이 유전율이 각각 ϵ_1, ϵ_2인 유전체 1, 유전체 2가 있다. 유전체 내의 전기장은 경계면 ($z=0$)에 수직으로 진행한다. E_0은 상수이고, $k_j = k_0 \sqrt{\dfrac{\epsilon_j}{\epsilon_0}}$ 는 유전체 $j(=1,\ 2)$에서의 파수이며, k_0, ϵ_0, μ_0은 각각 진공에서의 파수, 유전율, 투자율이다.

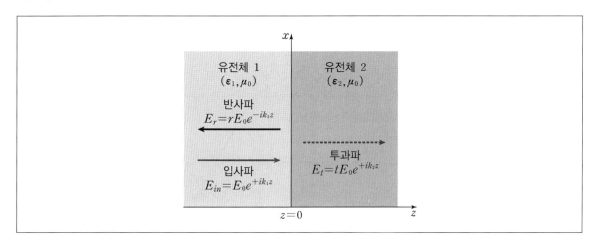

반사계수 r와 투과계수 t를 <자료>의 경계 조건들을 사용하여 풀이 과정과 함께 k_1과 k_2로 구하시오. 투과율 $T = \dfrac{I_t}{I_{in}}$ 를 k_1과 k_2로 나타내시오(I_t : 투과파의 세기, I_{in} : 입사파의 세기). (단, ϵ_1, ϵ_2는 양의 실수이며, 유전체는 균일하고 등방적이고 선형적이다.)

┤ **자료** ├

• 경계 조건 : $E_1(z)\,|_{z=0} = E_2(z)\,|_{z=0}$, $\dfrac{dE_1(z)}{dz}\bigg|_{z=0} = \dfrac{dE_2(z)}{dz}\bigg|_{z=0}$

  $E_j(z)$는 유전체 $j(=1,\ 2)$ 영역의 전체 전기장이다.

• 유전율 ϵ인 유전체에서 전기장의 세기(intensity) I는 $\sqrt{\epsilon}\,|E(z)|^2$에 비례한다.

---

07 그림 (가)는 세기가 I_0인 p−편광(TM)된 입사광을 공기 중에서 매질로 입사각 θ로 입사시켰을 때 굴절파를 나타낸 것이다. 경계면은 $y = 0$인 xz평면이고, x축은 지면을 나오는 방향이다. 입사각 $\theta = 60°$일 때 반사파가 없이 입사파가 모두 굴절되었다. 굴절파의 진행 방향에 면이 수직한 방향으로 선형 편광자를 설치하였다. 그림 (나)는 편광자의 투과축과 x축과의 사이각이 $30°$인 모습을 나타낸 것이다.

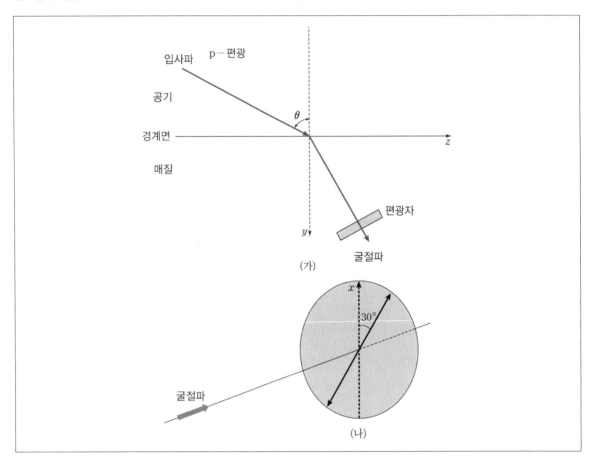

$\theta = 60°$일 때, 매질의 굴절률을 구하시오. 또한 입사파와 굴절파의 전기장의 진폭을 각각 $E_\text{입사}$, $E_\text{굴절}$이라 할 때 진폭의 크기의 비 $\left| \dfrac{E_\text{굴절}}{E_\text{입사}} \right|$를 풀이 과정과 함께 구하시오. 편광자를 통과한 빛의 세기를 구하시오. (단, 공기의 굴절률은 1이다.)

┤ **자료** ├

• p−편광에서 매질 n_i에서 입사각 θ_i로 매질 n_t로 굴절각 θ_t로 진행할 때, 투과율은 $T = \dfrac{n_t \cos\theta_t}{n_i \cos\theta_i}\left(\dfrac{E_\text{굴절}}{E_\text{입사}} \right)^2$이다.

• 빛의 세기는 I는 $n E^2$에 비례하다.

08 다음 그림과 같이 파장 λ_0인 s-편광된 레이저광을 공기에서 유전체 박막으로 브루스터각 보다 작은 입사각으로 입사시켰다. 이 유전체 박막에서 다중 반사된 레이저광을 렌즈로 스크린 위의 P점에 모았다. 유전체 박막은 균일하고, 두께는 일정하다.

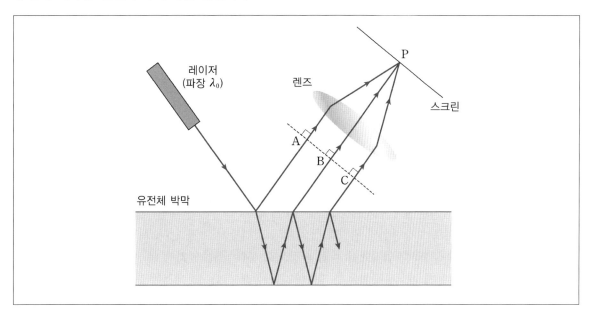

P점에서 밝기가 최대가 되는 가장 얇은 유전체 박막의 경우, 반사광의 경로상의 점 A, B, C를 지나는 빛에 대한 설명으로 옳은 것만을 <보기>에서 모두 고른 것은?

┤ **보기** ├

ㄱ. A와 B에서의 광경로차는 $\dfrac{\lambda_0}{4}$이다.

ㄴ. A와 B를 지나는 광선은 P점에서 보강간섭을 한다.

ㄷ. A와 C를 지나는 광선은 P점에서 보강간섭을 한다.

① ㄱ   ② ㄴ

③ ㄷ   ④ ㄱ, ㄴ

⑤ ㄴ, ㄷ

01 분광기 역할의 회절격자(N중 슬릿)

➡ 투과형, 반사형, 기울어진 회절격자

우리는 N중 슬릿 회절 모델에서 스크린에 발생되는 빛의 세기는 다음과 같음을 배웠다.

$$I = I_0 \left(\frac{\sin\beta}{\beta} \right)^2 \left(\frac{\sin N\alpha}{\sin\alpha} \right)^2$$

이때 한 개의 슬릿 폭이 매우 작을 때 회절항이 거의 무시되고 간섭항만 늘어난다고 했다. 실제는 영향을 미치므로 차수 m이 증가하면 할수록 세기가 줄어들게 된다. 그래서 최대한 낮은 차수의 m을 사용한다. 2중 슬릿과 N중 슬릿은 서로 보강간섭의 위치가 동일하고, 밝기만 차이가 난다. 회절격자는 파장별 혼합된 빛을 중앙 극대점($m = 0$)을 제외한 위치에서 특정 파장으로 분해할 수 있기에 분광기로 사용할 수 있다. 일반적으로 우리가 알고 있는 친숙한 분광기는 프리즘이지만 실제 산업현장에서는 프리즘보다 회절격자를 사용한다. 이유는 프리즘 물질을 통과시키면 에너지가 흡수와 반사가 이뤄져 효율이 떨어지기 때문이다.

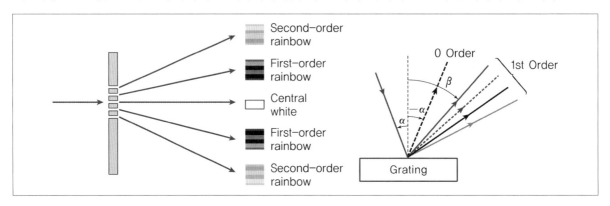

보강 조건 ➡ $d\sin\theta = m\lambda$ ($\because m = 0$)에서는 모든 파장이 같은 위치에서 보강이 일어나므로 분광이 일어나지 않는다.

02 일반적인 투과형 회절격자 모델

초기 진행 빛이 격자면에 수직이 아닌 경우에는 초기 빛의 경로차도 고려해야 한다.

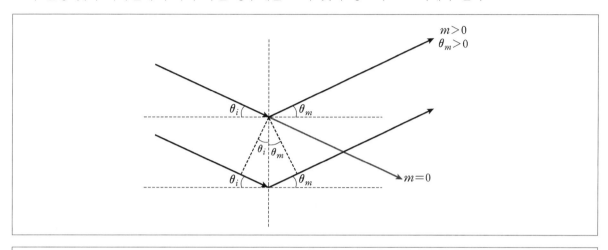

투과형 회절격자 경로차 : $\Delta = d(\sin\theta_i + \sin\theta_m) = m\lambda$ ➡ 보강 조건

1. 회절격자 분광기와 분해능

$d\sin\theta = m\lambda$를 보면 회절무늬의 극대선이 파장에 의존하는 것을 알 수 있다. 따라서 동일한 차수의 극대선의 경우, 파장이 길면 극대선이 중앙 극대선에서 먼 지점에 나타나고, 파장이 짧을수록 중앙 극대선 근처에 나타난다.

그리고 차수가 올라가면 파장별 극대점의 간격이 커지는 것을 알 수 있다. 이것은 렌즈의 분해능과 다르다. 렌즈의 분해능은 두 광원을 구별 가능한 능력이고, 색 분해능은 혼합된 파장을 각기 고유 파장으로 분해하는 능력을 말한다.

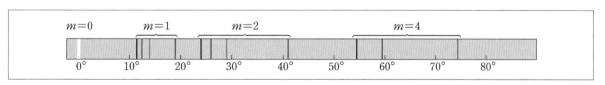

$$R = \frac{\lambda}{\triangle\lambda} = Nm \text{ (색 분해능 ➡ } N\text{은 슬릿의 개수, } m\text{은 차수)}$$

2. 증명

N중 슬릿의 극대점 조건

$$d\sin\theta = m\lambda \;\blacktriangleright\; d\frac{x}{L} = m\lambda$$

$$d\frac{x_1}{L} = m\lambda_1, \; d\frac{x_2}{L} = m\lambda_2 \;\blacktriangleright\; 파장에 따른 극대점 위치 변화$$

$$\Delta x = m\frac{L}{d}\Delta\lambda = \frac{x}{\lambda}\Delta\lambda$$

$$\frac{\Delta x}{x} = \frac{\Delta\lambda}{\lambda} \; (\because 분해능은 \Delta x에 반비례)$$

$$\therefore R = \frac{x}{\Delta x} = \frac{\lambda}{\Delta\lambda}$$

N중 슬릿 회절격자의 경우 $\alpha = \dfrac{kd\sin\theta}{2} = \dfrac{\pi d\sin\theta}{\lambda}$

1차 극소의 간격은

$$\Delta\alpha = \frac{\pi d\cos\theta}{\lambda}\Delta\theta = \frac{\pi}{N}$$

$$\Delta\theta = \frac{\lambda}{Nd\cos\theta} \;\cdots\cdots\; ①$$

m차 보강 조건은

$$d\sin\theta = m\lambda$$

$$d\cos\theta\,\Delta\theta = m\Delta\lambda \;\cdots\cdots\; ②$$

①식과 ②식을 연립하여 정리하면

$$R = mN \;(\because N중 슬릿 분해능)$$

03 반사형 회절격자 모델

➡ 분산과 반사 이용

반사를 이용하는 회절격자는 투과 빛을 대칭시킬 때와 비슷하다. 투과가 슬릿을 통과 후 점파원에 의한 간섭이라면 반사형 회절격자는 반사 후 점파원에 의한 간섭이다.

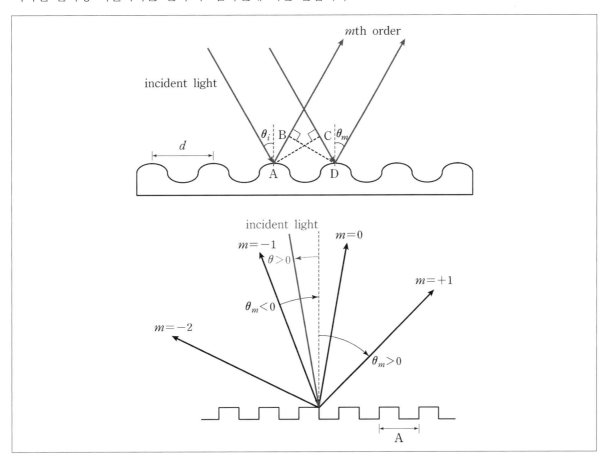

| 일반적인 반사형 모형 |

입사광의 경로차 ➡ $d \sin\theta_i$

반사광의 경로차 ➡ $- d \sin\theta_m$

$$d(\sin\theta_i - \sin\theta_m) = m\lambda \quad \text{➡ 보강 조건}$$

04 Blazed 회절격자(기울어진 회절격자)

그런데 우리는 반사법칙($m = 0$)을 만족할 때 최대 보강이 된다는 사실을 알고 있다. 그런데 우리는 반사형 회절격자에서 $d(\sin\theta_i - \sin\theta_m) = m\lambda$, 반사법칙은 $\theta_i = \theta_m$이 되므로 $m = 0$으로 분광기 역학을 하지 못한다. 이때 특정 입사각에 따라 쐐기의 기울기를 조절함으로써 반사법칙을 만족할 때 즉, 최대 효율인 반사광일 때 분광기 역할을 하는 회절격자를 만들 수 있다. 이것을 Blazed 회절격자라 한다.

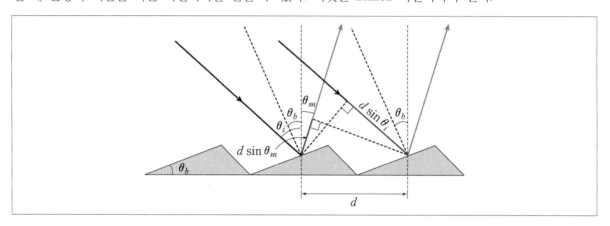

$\Delta = d\sin\theta_i - d\sin\theta_m$

반사 법칙에 의해서 $\theta_i - \theta_b = \theta_b + \theta_m$

$\theta_m = \theta_i - 2\theta_b$

$\therefore \ \Delta = d\sin\theta_i - d\sin\theta_m = d(\sin\theta_i + \sin(2\theta_b - \theta_i)) = m\lambda$

$$\Delta = d(\sin\theta_i + \sin(2\theta_b - \theta_i)) = m\lambda \quad \Rightarrow \text{보강 조건}$$

θ_i와 θ_b가 주어질 때 반사법칙을 만족하는 분광기 1차 보강 지점 파장(보강간섭을 일으키는 최대 파장)을 구할 수 있다. 파장에 따라 1차 보강을 일으키는 θ_i가 달라지므로 우리는 이를 분광기로 사용할 수 있는 것이다.

05 브래그 회절

X선이 물질에 투과될 때, 원자가 회절격자로 작용하여 빛의 간섭현상이 일어나게 된다. 원자에 반사하여 원자가 새로운 슬릿을 형성한다. 실제로는 반사형 회절격자이지만 관점을 바꿔서 이는 격자점을 투과하는 투과형 회절격자로 생각해도 무방하다. 그리고 X선이 원자와 충돌하여 반사법칙을 만족할 때 최대 보강이 이뤄지므로 $\theta_i = \theta_m$이다.

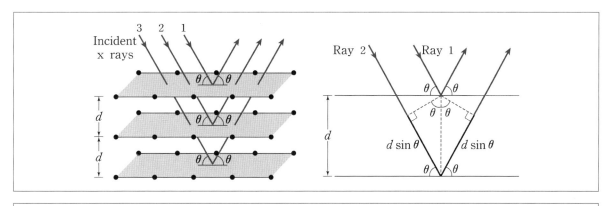

브래그 회절 조건 : $2d\sin\theta = m\lambda$ ➡ 보강 조건

06 각이 틀어진 경우

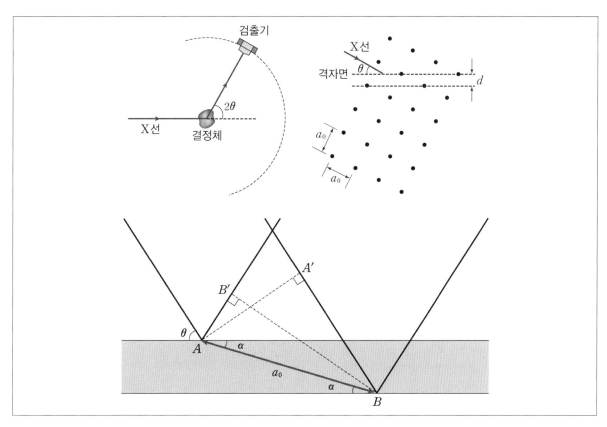

격자면에 θ인 평행광선이 와서 각 격자점에서 반사하여 간섭할 때 격자점 A와 수직인 지점의 위치는 A'이고, 격자점 B와 수직인 점은 B'이다. 그러면 경로차는 $\overline{A'B} - \overline{AB'}$이 된다.

$$\angle A'BA = \theta - \alpha \ , \ \angle B'AB = \theta + \alpha$$

$$\Delta = a_0 \cos(\theta - \alpha) - a_0 \cos(\theta + \alpha)$$

$$= 2a_0 \sin\theta \sin\alpha = 2d\sin\theta = m\lambda \ (\because \ a_0 \sin\alpha = d)$$

$$\text{※} \ \cos A - \cos B = -2\sin\left(\frac{A+B}{2}\right)\sin\left(\frac{A-B}{2}\right)$$

$$\therefore \ 2d\sin\theta = m\lambda$$

비스듬하게 입사하여도 격자면 사이의 간격 d와 격자면의 입사각 θ에 의해 결정된다. 브래그 회절 조건과 동일하다. 단, 비스듬하게 입사하지 않는 경우에는 원자핵 간격이 d이고, 비스듬하게 입사하면 격자면 사이의 간격이 d라는 차이가 있다.

※ 물질파 회절

원자 사이의 간격이 a라 하면 연직 방향 입사한 반사형 회절 격자는 $a\sin\phi = m\lambda$

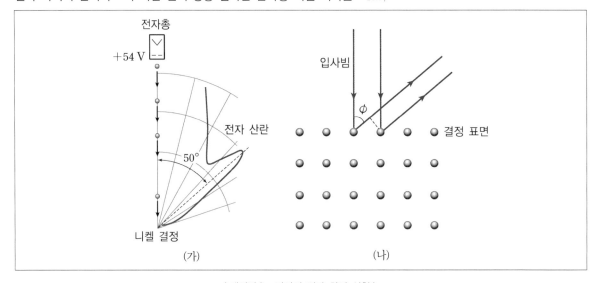

| 데이비슨 · 저머의 전자 회절 실험 |

연습문제

✦ 정답_ 194p

16-A08

01 다음 그림은 yz면에 놓여 있는 격자선 간격 2μm를 가지는 반사 회절격자에 파장 λ인 단색평면파가 수직으로 입사하여 격자면의 법선으로부터 $30°$ 방향으로 $+2$차 회절광이 진행하는 것을 나타낸 것이다.

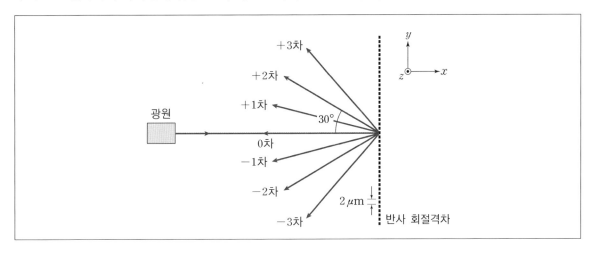

이때 λ를 구하시오. (단, 반사 회절격자의 격자선 방향은 z축과 평행하고, 회절광은 xy평면에 있다.)

02 1cm 당 8000개의 슬릿이 있는 투과형 회절격자가 있다. 평행광을 입사시켰을 때 첫 번째 차수의 보강 간섭무늬가 30° 각도로 회절되는 것이 관찰되었다. 이 빛의 파장을 구하시오. 또한 첫 번째 차수에서 색 분해능을 구하시오.

03 다음 그림과 같이 격자 간격이 $d = 2\mu m$ 인 회절격자에서 빛이 연직방향으로 $\phi = 30°$ 로 입사하였다. 이 때 빛은 반사광과 회절광으로 분산된다.

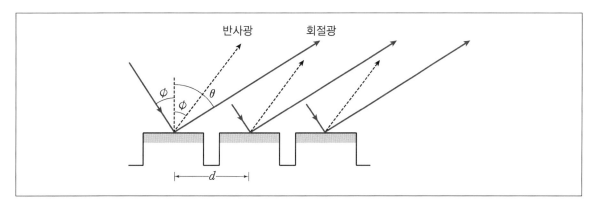

이때 인접한 슬릿에서 반사광들 사이의 경로차를 구하시오. 또한 $\theta = 60°$ 일 때, 1차 회절광에서 가장 밝은 무늬를 형성하는 빛의 파장을 구하시오.

04 그림 (가)는 파장이 λ인 X선이 결정체에 입사하였을 때, 산란된 X선을 검출하는 것을 나타낸 것이다. 입사된 X선과 산란된 X선의 진행 방향이 이루는 각은 2θ이다. 그림 (나)는 결정체에서 X선이 간격 d인 격자면(결정면)에 각 θ로 입사하는 것을 나타낸 것이다. a_0는 결정 원자 사이의 간격이다.

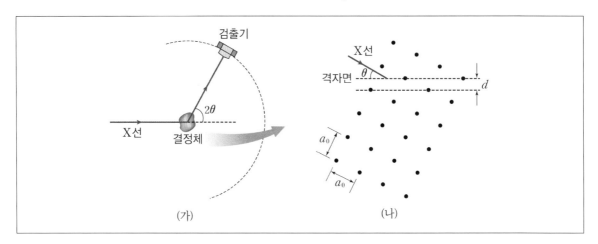

이때 간격이 d인 이웃한 두 결정면에서 X선의 1차 회절무늬 세기가 최대일 조건을 쓰시오. 결정체의 a_0와 d 사이의 관계식을 구하고, $\lambda = 0.1\text{nm}$인 X선을 사용하여 $\theta = 30°$에서 1차 최대 회절 무늬가 검출되었을 때 a_0를 풀이 과정과 함께 구하시오.

05 특정 파장의 빛만을 선택하기 위한 단색화 장치는 아래 그림과 같은 톱니 모양의 규칙적인 구조를 가지는 면에서 일어나는 빛의 반사와 간섭현상을 이용한다. 단색화 장치를 톱니 상단부의 각도를 45°, 톱니 간 간격을 200nm로 설계했다.

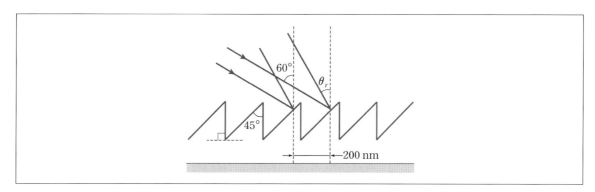

이때 단색화 장치에 60°로 입사한 빛이 반사되어 나가는 각도 θ_r와 그 각도에서 보강간섭을 일으킬 수 있는 최대 파장의 크기를 구하시오.

06 다음 그림과 같이 경사각이 θ이고, 슬릿 간격이 d인 회절격자가 있다. 경사면에 연직방향으로 빛을 입사시켜 간섭현상을 관찰하였다.

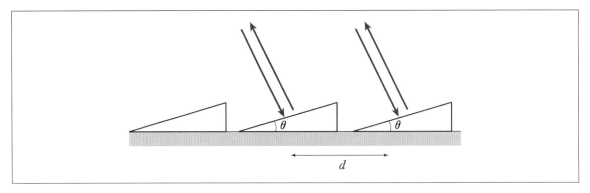

이때 인접한 슬릿에서 반사되는 두 빛의 경로차를 구하시오. 보강간섭을 일으키는 최대 파장이 λ이다. 입사광에서 파장이 λ와 $\dfrac{\lambda}{2}$인 혼합된 빛을 입사시켰을 때, 두 빛을 분광 가능한지에 대해 설명하시오.

07 다음 그림과 같이 슬릿 사이의 간격이 $d = 1\mu\mathrm{m}$ 이고 슬릿의 기울기가 θ_b인 회절격자가 있다. 빛이 연직으로부터 ϕ의 입사각으로 입사하여 θ의 회절각으로 나아간다.

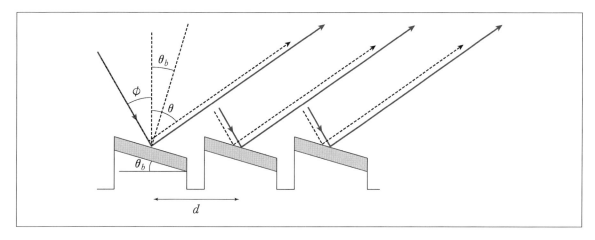

이때 반사광과 회절광이 일치하기 위한 각 θ를 θ_b와 ϕ로 나타내시오. 또한 $\theta_b = \phi = 30°$일 때 1차 회절광에서 밝은 간섭무늬를 형성하는 빛의 파장을 구하시오. (단, 회절광은 반사법칙을 만족한 것만 간주한다.)

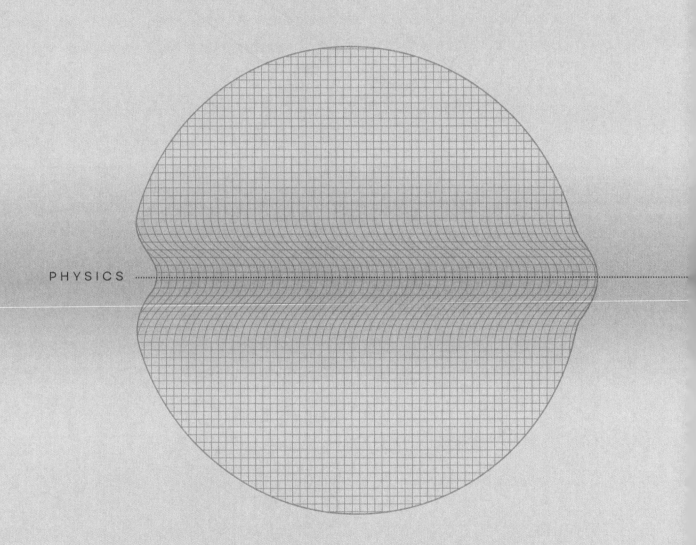

PHYSICS

현대물리학

특수 상대성 이론

01 특수 상대성 이론 가설

1. 마이컬슨 – 몰리의 실험

원래 실험 목적은 에테르(Ether)라는 빛을 전달하는 매질의 존재 증명하고자 하였다. 하지만 방향에 관계없이 빛의 속력은 항상 일정한 결과를 가져왔다.

나아가 전자기파 맥스웰 방정식 $\nabla^2 E = \mu_0 \epsilon_0 \dfrac{\partial^2 E}{\partial t^2} = \dfrac{1}{c^2} \dfrac{\partial^2 E}{\partial t^2}$ 으로 인해 빛은 전자기파의 일종으로 관측자에 관계없이 항상 진공에서 속력이 상수$\left(c = \dfrac{1}{\sqrt{\mu_0 \epsilon_0}} \right)$임이 밝혀졌다.

2. 특수 상대론의 가설

➡ 아인슈타인, 1905년

(1) 가설 1 상대성 원리

모든 관성 좌표계에서 물리법칙은 동일하게 성립한다.

운동량 보존법칙 등 관성 좌표계에서는 물리법칙을 각각 만족한다. 그렇지 않으면 물리적 기술이 무의미해진다.

(2) 가설 2 광속불변의 원리

진공 중에서 진행하는 빛의 속도는 관찰자나 광원의 속도와 관계없이 항상 일정하다.

진공 속에서 빛의 속도 약 30만 km/s$(c = 3.0 \times 10^8 \, \text{m/s})$

3. 동시성의 상대성

한 관성 좌표계에서 동시에 일어난 두 사건은 다른 관성 좌표계에서 볼 때 동시에 일어난 것이 아닐 수 있다. 광속에 가깝게 날아가는 우주선의 가운데에 위치한 전구에서 빛이 깜박여 빛이 전구로부터 같은 거리에 있는 두 검출기에 도달하는 두 사건 A, B가 발생할 때 관찰자 S, S′은 다음과 같이 측정한다. (이때 빛의 속력은 일정하다.)

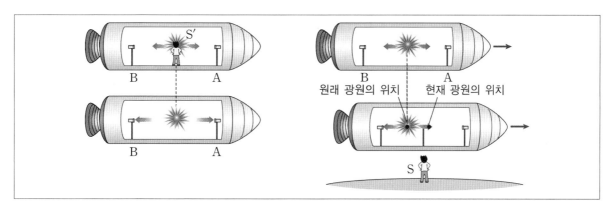

우주선 안에 있는 S'의 경우	우주선 안에 있는 S의 경우
• 어느 방향으로나 빛의 속력은 같고, 전구에서 두 검출기까지의 거리가 같다. • 두 검출기에 빛이 동시에 도달한다. ➡ 두 사건 A, B는 동시에 일어난다.	• 우주선 밖의 S에게도 빛의 속력은 같은데, 빛이 이동하는 동안 우주선도 이동한다. • 왼쪽 검출기에 빛이 먼저 도달한다. ➡ 사건 B가 먼저 일어난다.

02 시간 팽창(지연)과 길이 수축

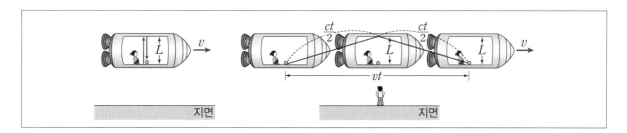

1. 시간 팽창(Time Dilation)

Δt : 고유시간(proper time), $\Delta t'$: 팽창된 시간

➡ 정지한 관찰자가 운동하는 관찰자를 보면, 상대편의 시간이 느리게 가는 것으로 관측된다.

$$\Delta t' = \frac{1}{\sqrt{1-(v/c)^2}}\,\Delta t \ \ (\because \ \Delta t' = \gamma\,\Delta t \,, \ \gamma = \frac{1}{\sqrt{1-(v/c)^2}} \,, \ \text{로렌츠 인자: } \gamma > 1\,)$$

※ 시간 팽창식 유도

빛의 경로에 대해 피타고라스 정리를 이용(v는 우주선 속도)

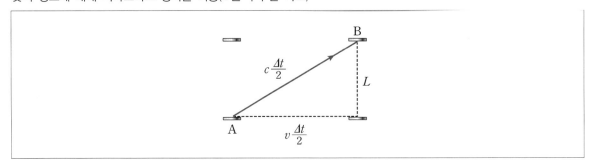

$\left(\dfrac{c\Delta t'}{2}\right)^2 = \left(\dfrac{v\Delta t'}{2}\right)^2 + L^2$ ($\because \Delta t'$: 정지한 외부 관측자가 우주선을 볼 때 걸린 시간)

$c^2\Delta t'^2 = v^2\Delta t'^2 + 4L^2$

광속 c^2으로 나누고 $\Delta t'$으로 묶는다.

$\left(1-\dfrac{v^2}{c^2}\right)\Delta t'^2 = \dfrac{4L^2}{c^2}$ 에서 우주선 내에서 왕복시간 $\Delta t = \dfrac{2L}{c}$ 이므로

$\therefore \Delta t' = \left(\dfrac{1}{\sqrt{1-(v/c)^2}}\right)\Delta t$

시간 팽창에서 주의할 것은 시간이 항상 팽창한다는 점이다. 팽창이라는 것은 정지한 관측자가 2시간이 흐르면 움직이는 관측자는 상대적으로 1시간이 흐르는 것과 같다. 정지한 관측자의 시계는 똑딱똑딱 가는데 움직이는 관측자의 시계를 보면 또~옥~딱~ 이렇게 느리게 간다. 그리고 착각하지 말아야 할 것은 빛의 경로가 공간의 길이는 아니라는 것이다. 우주선 안에서는 빛이 상하 운동하여 빛의 경로가 우주선의 높이가 되지만 우주선의 밖에서는 대각선의 경로를 따르므로 우주선의 높이와는 다르다. 즉, 우리가 보는 길이는 특정 시각의 관측 길이를 의미하는 것이지 빛이 이동하는 길이가 아니다.

2. 공간과 길이 변화

시공간에서 우리는 움직이는 물체의 시간이 팽창하는 것을 알아보았다. 그렇다면 공간은 어떻게 되는지 알아보자. 공간은 움직이는 물체가 보았을 때의 주위 공간 자체의 수축과 정지한 관측자가 보았을 때 물체 길이의 수축, 두 가지로 나뉜다.

관측자가 움직일 때	관측자가 정지할 때
주위 공간(물체 포함) 모두가 움직이게 된다. ➡ 공간 자체 수축	주위 공간은 정지한 채 속력을 가진 물체만 움직이게 된다. ➡ 물체 길이 수축

(1) 공간 수축

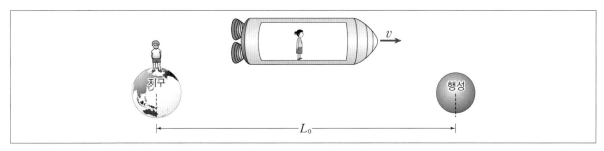

고유길이(proper length) ➡ 물체에 대해 정지해 있는 사람이 측정한 길이

시간의 기준은 움직이는 물체 내부에 시계가 있다고 가정한다. 즉, 지구에서 시간을 측정할 때 우주선의 시간을 고려하고, 우주선 내부에서는 우주선 안의 시간을 고려한다. 지구에서 출발하여 어느 별로 속력 v로 움직이는 우주선을 고려하자.

구분	지구 – 별 거리	행성 도착 시간
지구의 관측자	L_0	$\Delta t'$
우주선 안의 관측자	L	Δt

$L = v\Delta t$

$L_0 = v\Delta t' = \gamma v\Delta t = \gamma L$

$\therefore \ L = \dfrac{L_0}{\gamma}$

즉, 우주선 내부에서는 지구와 행성 간의 거리 즉, 공간이 수축한 것으로 인식된다.

① 공간 수축의 예시 – 뮤온 입장

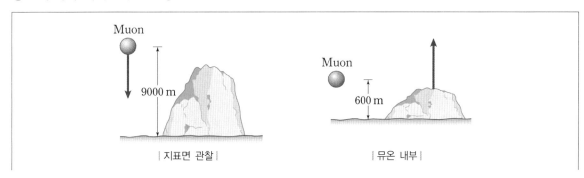

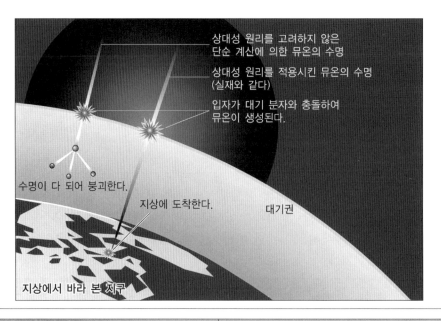

지표면의 관측자가 볼 때	뮤온과 함께 움직이는 관측자가 볼 때
뮤온이 광속에 가깝게 움직이므로 뮤온의 시간이 느리게 간다. ➡ 뮤온의 수명이 연장되어 지표면에 도달할 수 있다.	지표면이 광속이 가깝게 다가오므로 지표면까지의 거리 즉, 공간이 수축된다. ➡ 뮤온의 고유 수명으로 지표면에 도달할 수 있다.

대기층에서 생성된 뮤온의 수명은 $2.2\mu s$ 이다. 이는 거의 빛의 속도 99%로 이동하는 뮤온이라도 660m밖에 움직이지 못하여 지표면에서 관찰될 수가 없다. 하지만 뮤온은 지표면에서 관측되는데 이는 상대론으로 설명이 가능하다. 매우 빠른 속력으로 움직이는 뮤온은 지표면의 관측자가 보았을 때 뮤온 내부의 시간이 팽창하여 수명이 증가하게 된다. 그래서 660m가 아닌 4.8km를 움직이게 되는 것이다. 뮤온의 입장에선 공간 자체가 수축하여서 660m밖에 움직이지 않은 것처럼 느끼게 되는 것이다. 즉, 뮤온 안에 매우 작은 외계인이 뮤온을 타고 있다면 $2.2\mu s$ 에 660m를 움직이는 것으로 느낄 것이고, 지표면 즉, 지구에서 관측하는 사람이 볼 때는 수명이 7배 연장된 $16\mu s$ 로 4.8km 움직인 후 사라지는 것으로 관측될 것이다.

② 상대론이 늦게 발견된 이유

로렌츠 인자의 경우는 두드러지기 위해서는 최소 빛의 속력의 수십 % 이상 되어야 인지할 수 있다. 그런데 자연 상태에서 로켓이나 총알의 속도도 빛의 속력의 0.01%를 넘지 못한다. 그렇기 때문에 우리는 고전역학으로 충분히 설명이 가능했던 이유이다. 반대로 미시세계에서는 플랑크 상수가 너무 작기 때문에 거시세계에서 양자 현상을 발견하기 어려웠던 것이다.

$$\gamma = \frac{1}{\sqrt{1-\left(\dfrac{v}{c}\right)^2}}$$

속력에 따른 γ의 근사값			
$\frac{v}{c}$ (%)	γ	$\frac{v}{c}$ (%)	γ
0	1	92	2.5515518
10	1.0050378	93	2.7206478
20	1.0206207	94	2.9310519
30	1.0482848	95	3.2025631
40	1.0910895	96	3.5714286
50	1.1547005	97	4.1134503
60	1.25	98	5.0251891
70	1.4002801	99	7.0888121
80	1.6666667	99.5	10.012523
90	2.2941573	99.9	22.366272
91	2.4119154	99.99	70.712446

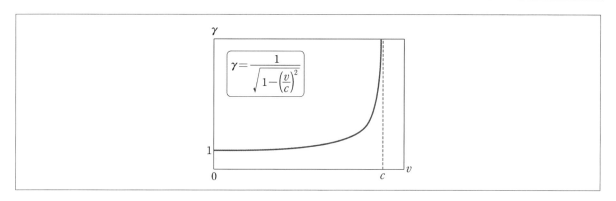

(2) 움직이는 물체 길이 수축

그림 (가)와 같이 고유 길이가 L_0인 물체가 있다. 내부 양쪽 벽에 거울을 설치하여 레이저를 발사하여 왕복

이동 시간을 물체 내부에서 측정한다. 그럼 왕복 시간 $\Delta t_0 = \dfrac{2L_0}{c}$ 가 된다.

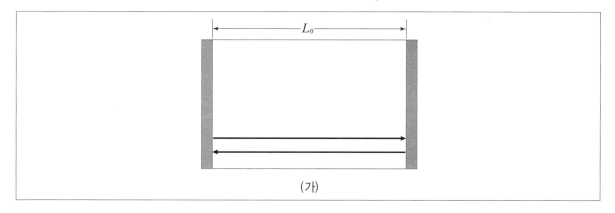

(가)

그림 (나)와 (다)는 속력 v로 움직이는 물체의 외부에서 빛이 왕복하는 모습을 관측하는 것이다.

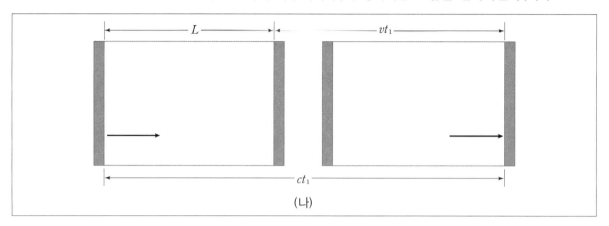

(나)

(나)의 경우에는 왼쪽 벽에서 빛이 오른쪽 벽에 도달하는데 걸리는 시간까지의 모습을 나타낸 것이다. $ct_1 = L + ut_1$을 만족한다.

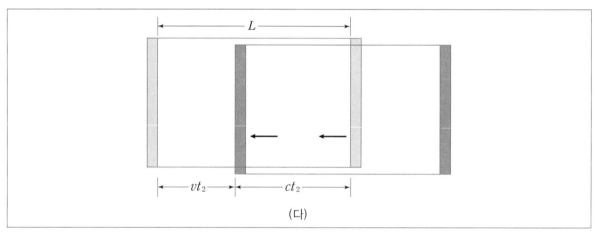

(다)

(다)의 경우에는 오른쪽에서 반사한 빛이 다시 왼쪽 벽에 도달하는데 걸리는 시간까지의 모습을 나타낸 것이다. $L = vt_2 + ct_2$를 만족한다. 그렇다면 물체 외부에서 관측한 빛의 왕복시간 $\Delta t = t_1 + t_2$는 다음과 같다.

$$\Delta t_1 = \frac{L}{c - v}, \ \Delta t_2 = \frac{L}{c + v}$$

$$\Delta t = \Delta t_1 + \Delta t_2 = \frac{2cL}{c^2 - v^2} = \frac{\dfrac{2L}{c}}{1 - \left(\dfrac{v}{c}\right)^2}$$

그런데 시간 팽창 효과에 의해서 Δt와 Δt_0는 다음과 같은 조건을 만족한다.

$$\Delta t = \gamma \Delta t_0 \ \blacktriangleright \ \frac{\dfrac{2L}{c}}{1 - \left(\dfrac{v}{c}\right)^2} = \frac{\dfrac{2L_0}{c}}{\sqrt{1 - \left(\dfrac{v}{c}\right)^2}}$$

$$\therefore L = L_0 \sqrt{1 - \left(\frac{v}{c}\right)^2}$$

물체 길이 수축 : $L = L_0 \sqrt{1 - \left(\frac{v}{c}\right)^2}$

03 상대론적 도플러 효과

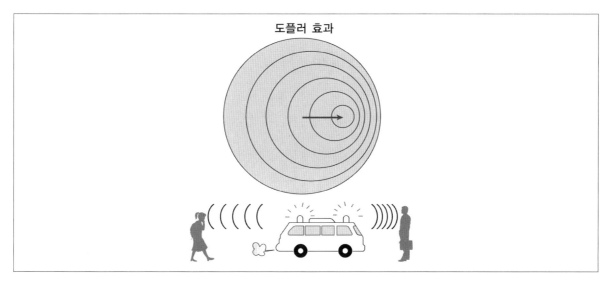

도플러 효과

도플러 효과는 $v = \lambda f$ 에서 원인(상대적 움직임)에 의한 결과(진동수변화)가 발생되는 현상이다. 그런데 고전역학은 원인이 파원이 움직이는 것(파장 변화)과 관측자가 움직이는 것(속도 변화) 2개가 존재했는데 상대론에서는 광속불변의 원리에 의해서 파원이 움직이는 하나의 원인밖에 없다.
$c = \lambda f = \lambda' f'$

1. 세로 도플러 효과(Longitudinal Doppler effect)

멀어지거나 가까워질 때

(1) 가까워질 때

$$\lambda' = ct - vt \; \Rightarrow \; \frac{c}{f'} = (c - v)t = (c - v)\gamma t_0 = \frac{\gamma(c - v)}{f_0}$$

$$f' = \frac{f_0}{1 - \frac{v}{c}} \frac{1}{\gamma} = \frac{\sqrt{1 - \left(\frac{v}{c}\right)^2}}{1 - \frac{v}{c}} f_0 = f_0 \sqrt{\frac{1 + \frac{v}{c}}{1 - \frac{v}{c}}}$$

$$\therefore \; f' = f_0\sqrt{\frac{c+v}{c-v}}, \; \lambda' = \lambda_0\sqrt{\frac{c-v}{c+v}}, \; T' = T_0\sqrt{\frac{c-v}{c+v}}$$

$$f' = f_0\sqrt{\frac{c+v}{c-v}}, \; \lambda' = \lambda_0\sqrt{\frac{c-v}{c+v}}, \; T' = T_0\sqrt{\frac{c-v}{c+v}}$$

(2) 멀어질 때

$$f' = f_0\sqrt{\frac{c-v}{c+v}}, \; \lambda' = \lambda_0\sqrt{\frac{c+v}{c-v}}, \; T' = T_0\sqrt{\frac{c+v}{c-v}}$$

2. 가로 도플러 효과(Transverse Doppler effect)

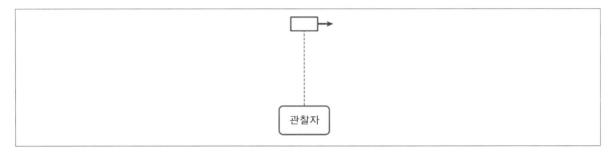

관찰자

파원의 위치와 속도가 $90°$를 이룰 때 파장이 바뀌는 게 원인이 아니라 상대속도에 의한 시간 팽창이 원인이 된다.

$$t' = \gamma t \; \blacktriangleright \; f' = \frac{f_0}{\gamma} = f_0\sqrt{1 - \left(\frac{v}{c}\right)^2}$$

빛의 진동수는 무조건 감소하게 된다.

04 로렌츠 변환

우리는 움직이는 물체로부터 '$(ct)^2 - (vt)^2 = $일정'하다는 것을 알았다. 물체의 점이 이동하는 거리 즉 $vt = x$로 두면 '$(ct)^2 - (x)^2 = (ct')^2 - (x')^2 = $일정'임을 알 수 있다.

시간을 실제 거리축이 아닌, 허수 좌표로 두고 $ict = T$라 하자.

$-T^2 - x^2 = -T'^2 - x'^2 = $일정

$x^2 + T^2 = x'^2 + T'^2 = $일정

$S = (x, \; T)$를 정지좌표계로 하고 $S' = (x', \; T')$를 상대속도 v로 움직이는 좌표계로 생각하자. 이때 물체가 S'좌표계에서 속도 v'으로 움직인다고 하자.

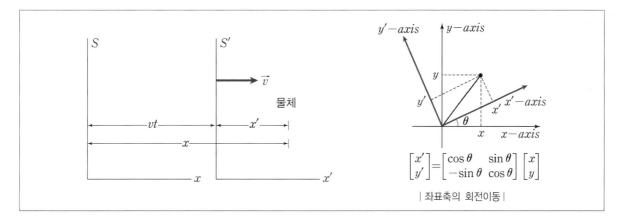

| 좌표축의 회전이동 |

좌표축 회전변환의 식을 이용하면

$$\begin{pmatrix} x' \\ T' \end{pmatrix} = \begin{pmatrix} \cos\theta & \sin\theta \\ -\sin\theta & \cos\theta \end{pmatrix} \begin{pmatrix} x \\ T \end{pmatrix}$$

$$x' = x\cos\theta + T\sin\theta$$

$$T' = -x\sin\theta + T\cos\theta$$

$x' = 0$이면 $x = vt$ 이므로

$$x\cos\theta = -T\sin\theta = -(ict)\sin\theta$$

$$\tan\theta = -\frac{vt}{ict} = \frac{iv}{c} \ , \ \sin\theta = i\gamma\frac{v}{c} \ , \ \cos\theta = \gamma$$

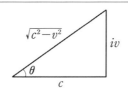

따라서 정리하면

$$x' = \gamma x + \left(i\gamma\frac{v}{c}\right)T = \gamma x + \left(i\gamma\frac{v}{c}\right)(ict) = \gamma(x - vt)$$

$$ict' = -x\left(i\gamma\frac{v}{c}\right) + (ict)\gamma$$

$$t' = \gamma\left(t - \frac{v}{c^2}x\right)$$

로렌츠 변환식 : $x' = \gamma(x - vt), \ y' = y, \ z' = z, \ t' = \gamma\left(t - \dfrac{vx}{c^2}\right)$

로렌츠 역변환 : $x = \gamma(x' + vt'), \ y = y', \ z = z' \ , \ t = \gamma\left(t' + \dfrac{vx'}{c^2}\right)$

로렌츠 변환식으로도 길이 수축과 시간 팽창을 모두 유도할 수 있다. 상대론의 기본이 되므로 자세히 알아두자.

$$\Delta x' = \gamma(\Delta x - v\Delta t)$$

➡ 길이 측정할 때 순간적으로 보이는 길이를 측정하므로 다른 표현으로 좌표의 원점을 일치시키는 것과 같다. ($\because \Delta t = 0$)

길이 수축 : $\Delta x = \dfrac{\Delta x'}{\gamma}$

움직이는 공간에서 정지한 물체의 시간을 측정한다고 하면 $\Delta x' = 0$이므로

$$\Delta t = \gamma(\Delta t' - \frac{v\Delta x'}{c^2}) = \gamma\Delta t$$

시간 팽창 : $\Delta t = \gamma\Delta t'$

05 상대론적 속도 합산

속도 합산은 로렌츠 변환식 활용의 기본이 되므로 아주 중요하다.

1. 1차원 운동

(1) 정지한 좌표계에서 볼 때의 속도 합산

정지좌표계 S를 기준으로 x축 방향으로 속도 v인 좌표계 S′에서 정지좌표계에서 속도 u인 물체를 바라볼 때 상대속도 u'을 구하기

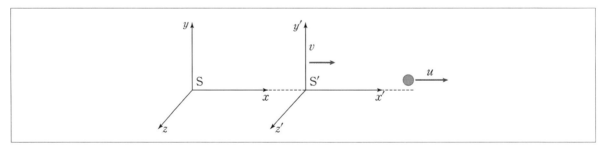

정지좌표계에서 물체의 속도가 기술되어 있으므로 $u = \dfrac{x}{t}$

$u'|_{S'} = \dfrac{x'}{t'} = \dfrac{\gamma(x - vt)}{\gamma(t - \dfrac{v}{c^2}x)} = \dfrac{u - v}{1 - \dfrac{vu}{c^2}}$

(2) v으로 움직이는 좌표계에서 바라볼 때 u로 움직이는 물체를 정지좌표계 A에서 바라볼 때 상대속도

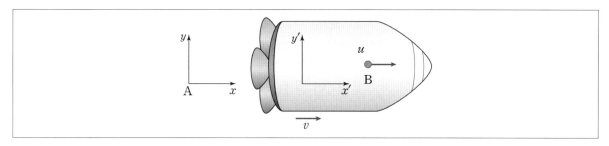

$u = \dfrac{x'}{t'}$ 이므로

$$u|_{정지} = \frac{x}{t} = \frac{\gamma(x' + vt')}{\gamma(t' + \dfrac{v}{c^2}x')} = \frac{u + v}{1 + \dfrac{vu}{c^2}}$$

2. 2차원 운동

정지좌표계 A로부터 x축 방향으로 속력 v로 운동하는 좌표계에서 속도의 크기가 u인 물체 B의 상대속도이다. 단, B의 이동방향과 x'과의 각은 θ이다.

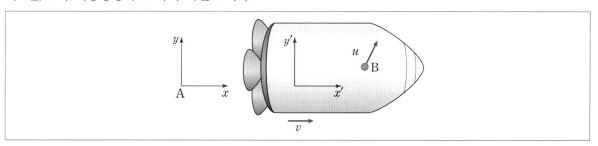

물체 B는 운동좌표계$(x',\ y',\ t')$에서 기술되어 있으므로 $u_{x'} = \dfrac{x'}{t'} = u\cos\theta$, $u_{y'} = \dfrac{y'}{t'} = u\sin\theta$이다.

(1) x축 방향의 속도

$$\frac{x}{t} = v_{상대속도} = \frac{\gamma(x' + vt')}{\gamma(t' + \dfrac{v}{c^2}x')} = \frac{u\cos\theta + v}{1 + \dfrac{vu\cos\theta}{c^2}}$$

(2) y축 방향의 속도

$$\frac{y}{t} = v_{상대속도} = \frac{y'}{\gamma(t' + \dfrac{v}{c^2}x')} = \frac{u\sin\theta}{\gamma(1 + \dfrac{v}{c^2}u\cos\theta)}$$

06 질량-에너지 동등성

1. 가설 1 상대성 원리

모든 관성 좌표계에서 물리법칙은 동일하게 성립한다.

두 물체가 탄성 충돌하게 되면 관측자에 관계없이 운동법칙, 운동량 보존 법칙과 에너지 보존법칙을 만족해야 한다. 이 두 법칙을 만족하기 위해서는 관측자에 따라서 질량이 변하는 조건이 선행되어야 한다.

⑴ **광속에 가까운 속도로 움직이는 물체의 질량은 증가한다. (m_0: 정지질량)**

$$m = \frac{m_0}{\sqrt{1-(v/c)^2}} \quad (\because\ m = \gamma m_0)$$

➡ 질량이 증가하므로 아무리 에너지를 가해도 물체의 속력은 광속을 넘어설 수 없다.

상대론적 운동량 : $p = \gamma m_0 v$

상대론적 에너지 : $E = mc^2 = \gamma m_0 c^2 = K + m_0 c^2\ (\because\ K = (\gamma-1)m_0 c^2)$

운동량과 에너지 관계식 : $E^2 = (pc)^2 + (m_0 c^2)^2$

⑵ **분열과 합성이 나오면 아래 수식이 유용하게 사용된다.**

$$E^2 = (pc)^2 + (m_0 c^2)^2 = (K + m_0 c^2)^2$$

➡ $(pc)^2 = K^2 + 2Km_0 c^2 = K(K + 2m_0 c^2)$

2. 운동량 관계식

질량이 속력에 따라 변화한다. 좌표계에 따른 운동량 보존법이 고전적으로 성립이 안 되는 것은 간단히 보일 수 있다. 이것으로 질량이 상수가 아닌 속력에 영향을 받는다는 것이 추론이 가능하다.

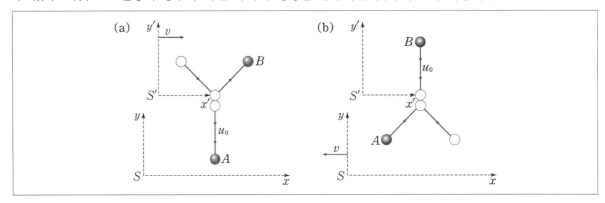

정지질량이 m_0으로 동일한 두 물체가 탄성충돌 한다.

2차원 운동 시 S좌표계에서 바라본 B의 y축 속력은 $u_{yB} = \dfrac{u'_{yB}}{\gamma} = u_0 \sqrt{1 - \dfrac{v^2}{c^2}}$ 이다.

S좌표계에서 운동량 보존 법칙 ➡ $m_A u_0 - m_B u_{yB} = -m_A u_0 + m_B u_{yB}$

$m_A u_0 = m_B u_{yB} = \dfrac{m_B u_0}{\gamma}$ ➡ $m_B = \gamma m_A$

그런데 만약 $u_0 \ll v$ 이고 $u_0 \to 0$으로 근사시키면 B의 속력은 v와 같아지게 된다. 그러면 $m_A \simeq m_0$이고, 따라서 $m = \gamma m_0$을 만족하게 된다.

위 증명이 어렵다면 양자역학을 활용하여 간접적으로 증명이 가능하다. 물질파 운동량 관계식 $p = \dfrac{h}{\lambda} = mv$ 에서 질량이 속력의 함수라면 물질파 파장 역시 속력의 함수여야 한다. 물질파 파장은 길이 수축에 의해서 $\lambda = \dfrac{\lambda_0}{\gamma}$로 가정하면 $p = \gamma \dfrac{h}{\lambda_0} = mv = \gamma m_0 v$가 된다. 따라서 $m = \gamma m_0$임을 확인할 수 있다.

3. 에너지 관계식

$F = \dfrac{dp}{dt} = \dfrac{d}{dt}(\gamma m_0 v)$

$\begin{aligned}
K &= \int_0^s F\,ds = \int_0^s \dfrac{d}{dt}(p)\,ds = \int_0^v v\,dp \\
&= pv\big|_0^v - \int_0^v p\,dv = \gamma m_0 v^2 - \int_0^v \gamma m_0 v\,dv \\
&= \gamma m_0 v^2 - \int_0^v \dfrac{m_0 v}{\sqrt{1 - \left(\dfrac{v}{c}\right)^2}}\,dv \quad \left(\dfrac{v}{c} = \sin\theta\right) \\
&= \gamma m_0 v^2 - \int_0^\theta \dfrac{m_0 c^2 \sin\theta \cos\theta}{\cos\theta}\,d\theta \\
&= \gamma m_0 v^2 - m_0 c^2 (1 - \cos\theta) \\
&= \gamma m_0 v^2 - m_0 c^2 \left(1 - \sqrt{1 - \left(\dfrac{v}{c}\right)^2}\right) \\
&= \gamma m_0 v^2 - m_0 c^2 + \dfrac{m_0 c^2}{\gamma} \\
&= \gamma m_0 v^2 - m_0 c^2 + \dfrac{\gamma}{\gamma^2} m_0 c^2 \\
&= \gamma m_0 v^2 - m_0 c^2 + \gamma m_0 c^2 \left(1 - \left(\dfrac{v}{c}\right)^2\right) \\
&= \gamma m_0 v^2 - m_0 c^2 + \gamma m_0 c^2 - \gamma m_0 v^2
\end{aligned}$

$\therefore K = \gamma m_0 c^2 - m_0 c^2 = (\gamma - 1) m_0 c^2$

상대론적 에너지 : $E = \gamma m_0 c^2 = K + m_0 c^2$

$$E^2 = \gamma^2 (m_0 c^2)^2$$

$$E^2 - (m_0 c^2)^2 = (\gamma^2 - 1)(m_0 c^2)^2 = \left(\frac{1}{1 - \left(\frac{v}{c}\right)^2} - 1\right)(m_0 c^2)^2$$

$$= \left(\frac{\left(\frac{v}{c}\right)^2}{1 - \left(\frac{v}{c}\right)^2}\right)(m_0 c^2)^2 = \left(\frac{1}{1 - \left(\frac{v}{c}\right)^2}\right)(m_0 v c)^2 = (\gamma m_0 v c)^2$$

$$\therefore \ E^2 - (m_0 c^2)^2 = (pc)^2$$

중요 특수상대론은 로렌츠 변환과 운동량-에너지 관계식이 아주 중요하다.

로렌츠 변환식: $x' = \gamma(x - vt),\ y' = y,\ z' = z,\ t' = \gamma\left(t - \frac{vx}{c^2}\right)$

로렌츠 역변환: $x = \gamma(x' + vt'),\ y = y',\ z = z',\ t = \gamma\left(t' + \frac{vx'}{c^2}\right)$

상대론적 운동량: $p = \gamma m_0 v$

상대론적 에너지: $E = mc^2 = \gamma m_0 c^2 = K + m_0 c^2\ (\because\ K = (\gamma - 1)m_0 c^2)$

운동량과 에너지 관계식: $E^2 = (pc)^2 + (m_0 c^2)^2$

운동량과 운동에너지 관계식: $(pc)^2 = K^2 + 2Km_0 c^2 = K(K + 2m_0 c^2)$

07 동시성의 상대성

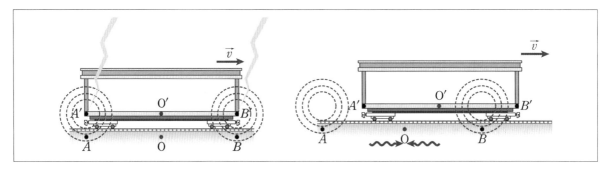

정지 관찰자$(x,\ t)$에서 번개가 x_A, x_B에서 동시에 $\Delta t = 0 = t_B - t_A$를 친다고 하자.
운동하는 관찰자$(x',\ t')$에서는 어떻게 되는지 알아보자.

Part 02

$$\boxed{\begin{array}{l} \text{로렌츠 변환식}: \ x' = \gamma(x - vt), \ t' = \gamma\left(t - \frac{vx}{c^2}\right) \\[3mm] \text{로렌츠 역변환}: \ x = \gamma(x' + vt'), \ t = \gamma\left(t' - \frac{vx'}{c^2}\right) \end{array}}$$

$x'_A = \gamma(x_A - vt_A)$

$x'_B = \gamma(x_B - vt_B)$

$\Delta x' = \gamma(\Delta x - v\Delta t)$에서 $\Delta t = 0 = t_B - t_A$이므로 운동하는 관찰자에서 두 번개가 치는 위치가 바뀌게 된다.

$t'_A = \gamma\left(t_A - \frac{vx_A}{c^2}\right)$

$t'_B = \gamma\left(t_B - \frac{vx_B}{c^2}\right)$

$\Delta t' = t'_B - t'_A = \gamma\left(\Delta t - \frac{v\Delta x}{c^2}\right) = -\gamma\frac{v\Delta x}{c^2} < 0$

만약 우측으로 움직이는 관측자라면 $v > 0$이므로 $\Delta t' < 0$이 되어 x'_A 위치에서 번개가 치는 시각 t'_A보다 x'_B 위치에서 번개가 치는 시각 t'_B가 앞서게 된다. 즉, 우측 번개가 먼저 치는 현상을 관측하게 된다. 이것이 상대론에서 말하는 동시성의 상대성이다.

연습문제

✦ 정답_ 195p

01 지구에서 어떤 별을 관측하는데, 이 별이 무거운 특정 별을 중심으로 원운동을 하고 있었다. 지구에서 관측할 때, 별이 방출하는 빛의 최대 파장은 $300\,\mathrm{nm}$ 이고, 최소 파장은 $200\,\mathrm{nm}$ 이다. 이때 별의 원운동 속력 v와 별에서 방출되는 고유 빛의 파장 λ_0를 구하시오. (단, 빛의 속력은 c이고, 별에서 방출되는 빛은 단색광으로 가정한다.)

19-B05

02 다음 그림과 같이 관성계 S′은 관성계 S에 대해 x축 방향으로 $v = \dfrac{c}{2}$의 속력으로 운동한다. 고유 길이 L_0인 막대는 S에 대해 x축 방향으로 $u_x = \dfrac{3c}{4}$의 속력으로 운동한다. S′에서 측정한 막대 속도의 x성분은 $u_{x'}$이고, 막대의 길이는 $L_{s'}$이다.

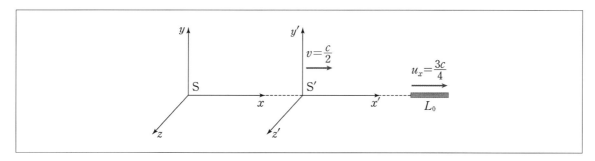

이때 <자료>를 참고하여 $u_{x'}$과 $L_{s'}$을 각각 풀이 과정과 함께 구하시오. (단, c는 진공에서 빛의 속력이다.)

┤ **자료** ├

관성계 S′이 관성계 S에 대하여 x축을 따라 속력 v로 운동하며, $t = t' = 0$일 때 두 관성계의 원점이 일치한다. 이 경우는 어떤 사건의 S에서의 좌표는 $(t,\ x,\ y,\ z)$이고, S′에서의 좌표는 $(t',\ x',\ y',\ z')$일 때, 두 좌표 사이의 로렌츠 변환식은 다음과 같다.

$$x' = \frac{x - vt}{\sqrt{1 - v^2/c^2}}\ ,\ \ y' = y,\ \ z' = z,\ \ t' = \frac{t - vx/c^2}{\sqrt{1 - v^2/c^2}}$$

21-A10

03 다음 그림은 관성계 A에 대해 속력 $v = \dfrac{3}{5}c$로 x축을 따라 운동하는 우주선과 이 우주선에 대해 속력 $u = \dfrac{\sqrt{3}}{2}c$로 y'축을 따라 운동하는 물체 B를 나타낸 것이다. $(x,\ y,\ t)$와 $(x',\ y',\ t')$는 각각 A와 우주선의 좌표계이고, B의 정지질량은 m이다.

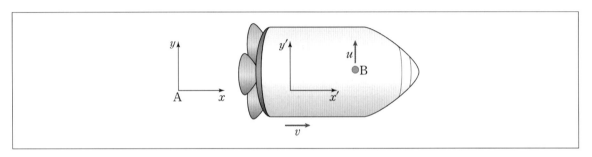

이때 A에서 측정한 B의 속도의 y성분과 B의 속력을 각각 구하시오. 또한 A에서 측정한 B의 상대론적 운동에너지를 K라 할 때, $\dfrac{K}{mc^2}$를 풀이 과정과 함께 구하시오. (단, c는 빛의 속력이다.)

자료

우주선이 관성계 A에 대해서 $+x$방향으로 속력 v로 등속 운동할 때, 두 좌표계 사이의 로렌츠 변환식은 다음과 같다.

$$x' = \frac{x - vt}{\sqrt{1 - v^2/c^2}},\ y' = y,\ t' = \frac{t - vx/c^2}{\sqrt{1 - v^2/c^2}}$$

---

04 다음 그림과 같이 관성계 S'은 관성계 S에 대해 x축 방향으로 $v = \dfrac{c}{2}$ 의 속력으로 운동한다. 고유 주기 τ_0인 전자기파 발생장치는 S'에 대해 x축 방향으로 $u' = \dfrac{2}{5}c$의 속력으로 이동하고 있다.

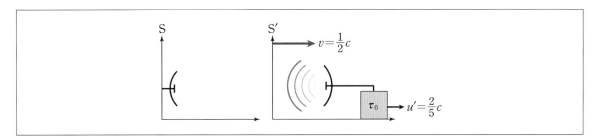

이때 관성계 S에서 측정한 전자기파 발생장치의 속력을 구하시오. 또한 관성계 S에서 측정한 전자기파의 주기 τ를 구하시오.

─┤ 자료 ├─

관성계 S'이 관성계 S에 대하여 x축을 따라 속력 v로 운동하며, $t = t' = 0$일 때 두 관성계의 원점이 일치한다. 이 경우는 어떤 사건의 S에서의 좌표는 $(t,\ x,\ y,\ z)$이고, S'에서의 좌표는 $(t',\ x',\ y',\ z')$일 때, 두 좌표 사이의 로렌츠 변환식은 다음과 같다.

$$x' = \frac{x - vt}{\sqrt{1 - v^2/c^2}}\ ,\ y' = y,\ z' = z,\ t' = \frac{t - vx/c^2}{\sqrt{1 - v^2/c^2}}$$

05 정지 좌표계에서 물체의 에너지가 $5\mathrm{MeV}$ 로 관측되었다. 이 물체의 정지질량에너지가 $m_0 = 3\mathrm{MeV}/c^2$ 일 때, 이 물체의 속력과 운동량을 각각 구하시오.

16-B04

06 다음 그림은 실험실 좌표계에서 볼 때 정지질량 m인 입자 A가 속력 $\dfrac{2\sqrt{6}}{5}c$로 정지해 있는 정지질량 m인 입자 B와 충돌하여 새로운 정지질량 M인 입자 C가 생성되어 움직이는 모습을 나타낸 것이다. C가 생성된 후 소멸할 때까지 실험실 좌표계에서 측정한 C의 수명은 τ_{lab}이고 C와 함께 움직이는 좌표계에서 측정한 수명은 τ_0이다. 충돌 전후에 상대론적 총에너지와 상대론적 운동량은 보존된다.

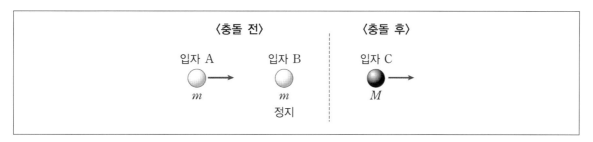

이때 $\dfrac{M}{m}$과 $\dfrac{\tau_{lab}}{\tau_0}$을 풀이 과정과 함께 구하시오. (단, 실험실 좌표계는 관측자가 실험 장치와 함께 정지 상태에 있도록 잡은 좌표계이다. 로렌츠 인자가 γ일 때, 상대론적 총에너지는 $E= \gamma mc^2$이고, 상대론적 운동량은 $p= \gamma mv$이다. c는 빛의 속력이다.)

07 $\pi^{+} \rightarrow \mu^{+} + \nu_{\mu}$의 붕괴가 발생한다.

이때 각 입자의 정지질량은 $m_0(\pi^{+}) = 140\mathrm{MeV}/c^2$, $m_0(\mu^{+}) = 100\mathrm{MeV}/c^2$, $m_0(\nu_{\mu}) = 0$이다.

붕괴할 때 π^{+} 입자가 정지해 있다고 할 경우 μ^{+}와 ν_{μ}의 운동에너지 $K_{\mu^{+}}$, K_{μ}를 각각 구하시오.

23-A10

08 다음 그림과 같이 관성계 S에서, 정지해 있던 물체 A가 에너지 $\frac{\epsilon}{2}$인 광자 2개를 각각 $+x$방향과 $-x$방향으로 방출하면서 물체 B가 되는 사건이 관측되었다. 이 사건을 S에 대해 $+x$방향으로 속력 $v = 0.6c$로 등속 운동하는 관성계 S′에서 관측한다. S, S′에서 측정한 두 광자의 에너지의 합은 E_{S}, $E_{\mathrm{S}'}$이며, S′에서 측정한 A, B의 상대론적 운동에너지는 각각 K_{A}', K_{B}'이다.

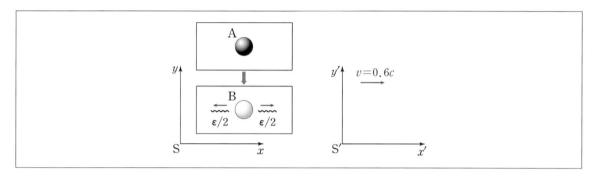

이때 <자료>를 참고하여 E_{S}와 $E_{\mathrm{S}'}$를 각각 ϵ으로 나타내시오. 또한 $K_{\mathrm{A}}' - K_{\mathrm{B}}'$을 풀이 과정과 함께 ϵ으로 구하시오. (단, c는 빛의 속력이다.)

---| 자료 |---

• 상대론적 도플러 효과 : 광원에서 관찰자를 향해 방출되는 광자의 진동수가 f일 때, 광원에 대해 속력 v로 가까워지는 관찰자와 멀어지는 관찰자가 측정하는 진동수는 각각 다음과 같다.

$$f'_{+} = f\sqrt{\frac{c+v}{c-v}} \ , \ f'_{-} = f\sqrt{\frac{c-v}{c+v}}$$

• 광자의 에너지 : 진동수 f인 광자의 에너지는 hf이다. (h는 플랑크 상수이다.)

• A에서 방출된 광자를 S′에서 관측할 때, $-x$방향으로 방출된 광자는 관찰자와 광원이 가까워지는 경우, $+x$방향으로 방출된 광원이 멀어지는 경우에 해당한다.

09 관성계 S에서 번개 A가 위치 x_A와 시간 t_A에서 발생하고 번개 B는 x_B에서 t_B에 쳤다. 번개 A와 번개 B의 떨어진 위치 차이와 발생된 시간 차이는 $\Delta x = x_B - x_A = 600\text{m}$, $\Delta t = t_B - t_A = 8 \times 10^{-7}\text{s}$로 관측되었다. 관성계 S에 대해 x축 방향으로 일정한 상대속도 v로 이동하는 관성계 S′에서 두 번개가 동시에 치는 것으로 관측되었다. 두 관성계에서 번개를 관측할 때, 두 관성계의 x축 원점이 일치한다.

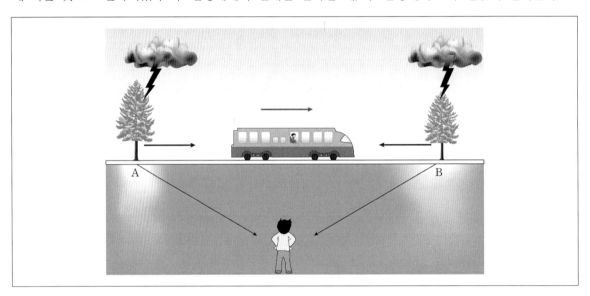

이때 <자료>를 참고하여, 두 관성계의 상대 속도 v를 c로 나타내고, S′관성계에서 두 번개의 떨어진 위치 차이 $\Delta x' = x'_B - x'_A$를 구하시오. (단, 빛의 속력은 $c = 3 \times 10^8\text{m/s}$이다.)

┌ **자료** ├

관성계 S′이 관성계 S에 대하여 x축을 따라 속력 v로 운동하며, 측정할 때 두 관성계의 원점이 일치한다. 이 경우는 어떤 사건의 S에서의 좌표는(t, x, y, z)이고, S′에서의 좌표는 (t', x', y', z')일 때, 두 좌표 사이의 로렌츠 변환식은 다음과 같다.

$$x' = \frac{x - vt}{\sqrt{1 - v^2/c^2}}, \ y' = y, \ z' = z, \ t' = \frac{t - vx/c^2}{\sqrt{1 - v^2/c^2}}$$

물질파 이론 및 빛의 입자성

01 물질파 이론

1. 드브로이 물질파

드브로이는 빛의 이중성에 착안하여 질량을 갖는 입자 자체도 파동성을 가질 것으로 추측하였다. 거시적 관점에서 보면 입자처럼 보이지만 미시적으로 들어가면 파동성을 관측할 수 있을 것이라는 추측은 전자의 회절실험으로 사실로 판명된다. 이 단순한 아이디어가 양자역학을 폭발적으로 발전시키는 계기가 된다.

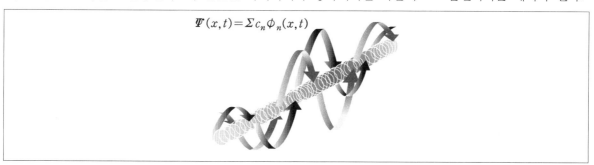

$$\Psi(x,t) = \Sigma c_n \phi_n(x,t)$$

질량을 가진 입자 역시 다양한 파동의 중첩현상으로 파동성을 가진다. ‑드브로이‑

드브로이 물질파 ➡ $p = mv = \dfrac{h}{\lambda} = \hbar k$

$i\hbar \dfrac{\partial \phi}{\partial t} = -\dfrac{\hbar^2}{2m}\dfrac{\partial^2 \phi}{\partial x^2}$ (물질파 파동방정식)

➡ 해는 고유함수 $\phi(x,\ t) = Ae^{i(kx-\omega t)} = A\,e^{i\left(kx - \frac{E}{\hbar}t\right)}$ 이다.

정지질량이 없는 빛과 정지질량이 존재하는 물질의 경우에 파동 기본성질은 다음과 같다.

전자기파 파동방정식 : $\dfrac{\partial^2 \phi}{\partial x^2} = \dfrac{1}{v^2}\dfrac{\partial^2 \phi}{\partial t^2}$

$$-k\phi = \dfrac{1}{v^2}(-\omega^2)\phi \;\blacktriangleright\; \omega^2 = k^2 v^2$$

$$\therefore\ \omega = kv$$

$$\text{물질파 파동방정식(비상대론)}: i\hbar\frac{\partial\phi}{\partial t} = -\frac{\hbar^2}{2m}\frac{\partial^2\phi}{\partial x^2}$$

$$i\hbar(-i\omega)\phi = -\frac{\hbar^2}{2m}(-k^2)\phi$$

$$\therefore \omega = \frac{\hbar}{2m}k^2$$

비상대론적 양자역학적 물질파 에너지는 $E = \hbar\omega = \dfrac{p^2}{2m} = \dfrac{(\hbar k)^2}{2m}$를 만족한다.

상대론적 물질파 파동방정식은 수준을 넘어서기 때문에 적지는 않겠다.

상대론에서는 $E = \sqrt{(pc)^2 + (mc^2)^2}$을 만족한다.

특별히 언급이 없는 경우에는 비상대론 물질파를 사용한다. 이유는 우리가 배우는 슈뢰딩거 방정식은 비상대론적 양자역학이기 때문이다. 이후 특수상대성이론을 도입한 양자역학은 다수 학자들에 의해 발전하여 정립되었다.

$$\text{에너지와 운동량 속력 관계식}: E = \int F\,ds = \int \frac{dp}{dt}\,ds = \int v\,dp \;\blacktriangleright\; \frac{dE}{dp} = v$$

2. 위상속도(v_p)와 군속도(v_g)

(1) 위상속도(phase velocity)는 위상성분 $kx - \omega t$가 시간과 공간에 따른 속력을 말한다. 단일 파장 즉, 특정 $k,\ \omega$에 대해 위상변화를 생각해보면

$$kx - \omega t = k(x + \Delta x) - \omega(t + \Delta t) \;\blacktriangleright\; k\Delta x = \omega\,\Delta t$$

$$v_p = \frac{\Delta x}{\Delta t} = \frac{\omega}{k} = \frac{E}{p}$$

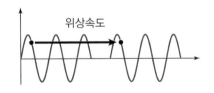

군속도

$\omega_1 + \omega_2 + \cdots$
(여러 주파수 성분이 중첩)

파군

(wave packet)

위상속도

단일 주파수 성분에서 위상점/등위사면(일정 위상상태)이 진행하는 속도

⑵ 군속도는 서로 다른 k, ω의 집합의 속도를 말한다. 정확한 정의는 푸리에 변환을 하면 되지만 학부 수준의 군속도(Group velocity)는 다음과 같이 설명할 수 있다. 예를 들어 k가 아주 작은 dk만큼 차이가 나는 파들의 집합이라 하고 ω 역시 $d\omega$만큼 차이가 난다고 하자. 인접한 두 파는 k와 $k+dk$, 그리고 ω와 $\omega+d\omega$의 합이다.

$k_1 = k$, $k_2 = k + dk$, $\omega_1 = \omega$, $\omega_2 = \omega + d\omega$

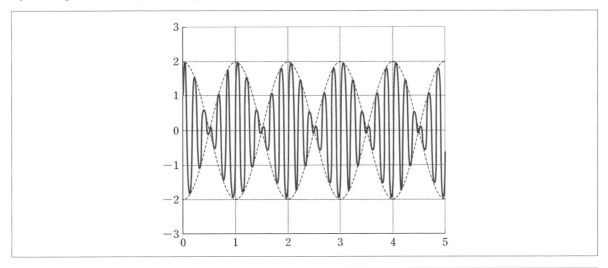

$$\phi_1(x,\ t) = A\cos(k_1 x - \omega_1 t),\ \ \phi_2(x,\ t) = A\cos(k_2 x - \omega_2 t)$$

$$\phi_1 + \phi_2 = 2A\ \underbrace{\cos\left(\frac{k_2 - k_1}{2}x - \frac{\omega_2 - \omega_1}{2}t\right)}_{진폭항}\ \underbrace{\cos\left(\frac{k_1 + k_2}{2}x - \frac{\omega_1 + \omega_2}{2}t\right)}_{위상항}$$

$$= 2A\cos\left(\frac{dk}{2}x - \frac{d\omega}{2}t\right)\cos(\overline{k}x - \overline{\omega}t)$$

이때 k, ω의 평균 $\overline{k} = \dfrac{k_1 + k_2}{2} \simeq k$, $\overline{\omega} = \dfrac{\omega_1 + \omega_2}{2} \simeq \omega$이다.

앞의 $\dfrac{dk}{2}x - \dfrac{d\omega}{2}t = \dfrac{dk}{2}(x + \Delta x) - \dfrac{d\omega}{2}(t + \Delta t)$ ➡ $dk\Delta x = d\omega\Delta t$

$v_g = \dfrac{\Delta x}{\Delta t} = \dfrac{d\omega}{dk} = \dfrac{dE}{dp}$

진폭항은 위 그림에서 큰 파형의 최댓값이 이동하는 것을 결정한다. 이처럼 물질은 모든 파의 중첩현상이고 진폭항이 물질파의 실질적인 현상을 담당하게 된다. 위상항은 개별적인 파들의 진행 속력이다. 그런데 실체는 중첩된 파의 진폭이 이동하는 것을 결정하므로 군속도가 실제 물질의 속력이 된다.

전자기파의 경우 $v_p = v_g = v$로 동일하다. 물질파의 경우 $v_p = \dfrac{\omega}{k}$ 이고, $v_g = \dfrac{d\omega}{dk}$ 이다.

$\left(E = \hbar\omega = \dfrac{p^2}{2m} = \dfrac{(\hbar k)^2}{2m}\right.$ ➡ 비상대론)

위상속도는 실제 물체의 속도가 아니므로 빛의 속도를 넘어설 수 있다. 단, 상대론에 의해서 군속도는 절대로 빛의 속도를 넘어설 수 없다.

$$\text{비상대론적 물질파}: v_p = \frac{\omega}{k} = \frac{\hbar k}{2m}, \; v_g = \frac{d\omega}{dk} = \frac{\hbar}{m} k$$

➡ 항상 위상속력이 군속력의 절반이다.

$$\text{특수상대론적 물질파}: v_p = \frac{\omega}{k} = \frac{E}{p} = \frac{\sqrt{(pc)^2 + (mc^2)^2}}{p} = \frac{\sqrt{(pc)^2 + (mc^2)^2}}{pc} c > c,$$

$$v_g = \frac{d\omega}{dk} = \frac{dE}{dp} = \frac{pc^2}{\sqrt{m^2c^4 + p^2c^2}} = \frac{pc}{\sqrt{m^2c^4 + p^2c^2}} c < c$$

➡ 위상속력은 빛의 속도 c보다 크고, 군속력은 빛의 속도 c보다 느리다.

① 비상대론적 물질파

$$v_p = \frac{\omega}{k} = \frac{\hbar k}{2m}, \; v_g = \frac{d\omega}{dk} = \frac{\hbar}{m} k$$

➡ 항상 위상속력이 군속력의 절반이다.

극단적으로 작은 입자들로 이루어진 강체를 예로 들어 보자. 모든 입자의 속력은 동일하다.
군속력은 전체 평균 속력이다.

$$v_g = \left\langle \frac{dE}{dp} \right\rangle = \left\langle \frac{p}{m} \right\rangle = \frac{p}{m}$$

위상속력은 평균에너지를 평균운동량으로 나눈 값이다.

$$v_p = \frac{\langle E \rangle}{\langle p \rangle} = \frac{\dfrac{\langle p^2 \rangle}{2m}}{\langle p \rangle} = \frac{\langle p \rangle}{2m} = \frac{p}{2m}$$

한 물체의 모든 입자는 속력이 같으므로 $\langle p^2 \rangle = \langle p \rangle^2$

② 특수상대론적 물질파

양자역학적으로 입자의 운동은 모든 가능한 경로의 확률적인 총합이 된다. 그리고 입자의 파동함수와 고유함수는 같아질 수 없다. 그렇게 되면 빛의 속도를 넘는다. 또한 바닥상태는 절대온도여야 가능한 데 엔트로피 법칙 때문에 불가능하다.

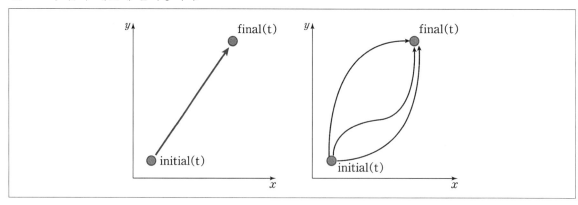

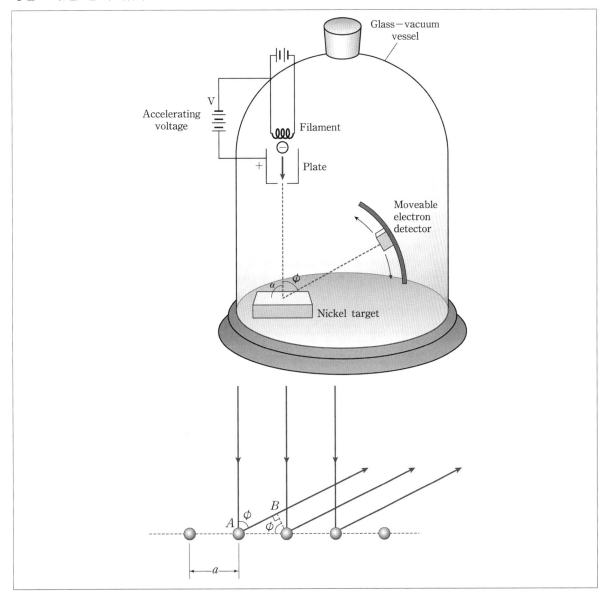

개별적 특정 파동은 우주 한 바퀴를 돌고 올 확률이 존재한다. 그래서 개별 모든 파의 위상 속력은 빛의 속력 c를 넘어야 한다.

그런데 개별 파동의 중첩이 실제 물체의 속력이므로 군속력은 빛의 속력 c보다 작아야 한다.

3. 물질파 회절(물질파 존재의 확인)

드브로이 물질파 이론을 실험적으로 증명한 실험이 데이비슨 - 거머 실험이다. 이 실험에서는 전자가 회절현상을 보임을 알 수 있다.

데이비슨-거머의 실험을 해석하면 다음과 같다.

⑴ **전위차 V에서 가속되는 비상대론적인 전자의 속도**

$$\lambda = \frac{h}{p} = \frac{h}{\sqrt{2e\,Vm_e}}$$

⑵ **니켈 원자를 반사회절 격자로 간주**

저에너지 전자는 결정 속으로 깊게 침투할 수 없으므로 오직 원자의 표명층만 고려한다.

$$a\sin\phi = m\lambda$$

⑶ **데이비슨-거머 실험과 브래그 회절과의 비교**

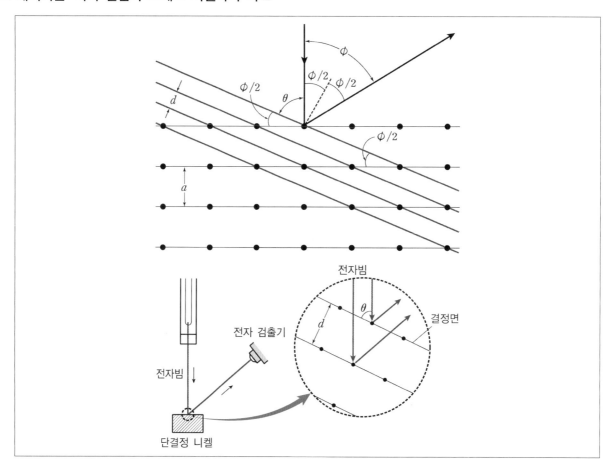

$a\sin\phi = m\lambda$

$2a\sin\dfrac{\phi}{2}\cos\dfrac{\phi}{2} = 2d\cos\dfrac{\phi}{2} = 2d\sin\theta\left(\because\ a\sin\dfrac{\phi}{2} = d\right)$

$\therefore\ 2d\sin\theta = m\lambda$

브래그 회절 조건과도 일치한다.

$2d\sin\theta = m\lambda\,(\because\ m = 1)$ ➡ 1차 회절무늬

02 광전 효과(비상대론적 빛의 입자성 증명)

광전효과는 금속에 일정 진동수 이상의 빛을 쪼일 때 그 표면에서 전자/광전자가 방출되는 현상이다.

1. 광전효과 실험

⑴ 광전관에 빛을 비추면 금속판에서 광전자가 방출되어 양극에 도달하면 회로에 전류가 흐름

⑵ **광전류**

광전자에 의한 전류. 광전류의 세기(I)는 금속판에서 단위 시간당 발생하는 광전자의 수(N)에 비례

⑶ **문턱 진동수(f_0)**

특정 진동수 이상의 빛이 쪼이면 즉시 광전자가 방출되고, 이때의 진동수를 문턱 진동수라고 한다. 문턱 진동수보다 작은 진동수의 빛을 쪼이면 광전자가 방출되지 않는다.

⑷ **정지전압 V_0**

광전류가 0이 되게 하는 역전압의 크기
- ➡ 금속의 종류와 쪼여 준 빛의 진동수에 따라 다르다.
- ➡ 역전압을 걸어주면 광전자들은 양전자로부터 전기적인 반발력을 받고 역전압을 높여 줌에 따라, 양극에 도달하는 광전자의 수가 감소
- ➡ 광전류가 감소

⑸ **광전자의 최대 운동에너지(E_{max})는 정지전압(V_s)에 비례한다.**

(전기력이 한 일) = (광전자의 최대 운동에너지)
- ➡ $E_{max} = \dfrac{1}{2}mv^2 = eV_s$ ($\because$ m : 전자의 질량)

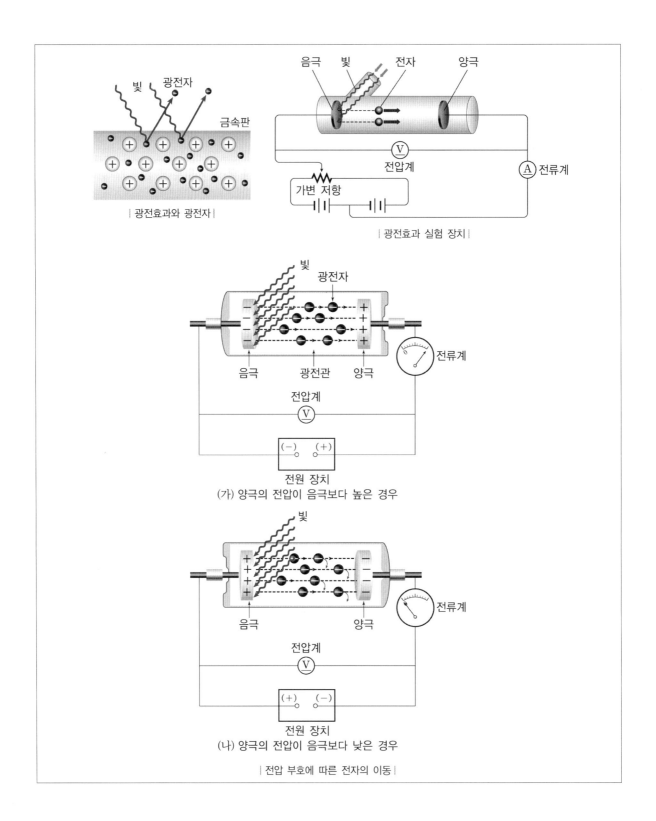

| 광전효과와 광전자 |

| 광전효과 실험 장치 |

(가) 양극의 전압이 음극보다 높은 경우

(나) 양극의 전압이 음극보다 낮은 경우

| 전압 부호에 따른 전자의 이동 |

해석 내용	고전적 예상 (빛의 파동성과 관련)	광전효과의 실험적 사실 (빛의 입자성과 관련)
① 빛의 세기와 광전자의 운동에너지 관계	빛의 세기가 증가하면 전자들은 더 큰 에너지로 운동 예상	빛의 세기와 운동에너지는 무관, 빛의 세기는 방출 전자 수에만 관련
② 빛의 진동수와 전자의 방출 사이 관계	빛의 세기가 크다면 광전자가 방출되어야 한다.	특정 진동수(문턱~) 이상의 빛을 비출 때 전자 방출
③ 빛이 입사한 후 광전자 방출까지 걸리는 시간	빛의 세기가 약하면 에너지가 축적되어 전자가 방출되기까지 시간이 필요	아무리 약한 빛이라도 문턱 진동수 이상의 빛이 입사하면 즉시 전자 방출
④ 빛의 진동수와 광전자의 운동에너지	진동수를 변화시켜도 광전자의 운동에너지는 변화가 없어야 한다.	광전자의 운동에너지는 빛의 진동수에 비례

2. 아인슈타인의 광양자설(Quantum Theory of light)

빛은 연속적인 파동이 아니라 진동수에 비례하는 에너지를 갖는 (광자: photon) 입자의 흐름이다.
전자가 받는 에너지는 빛의 진폭에 무관하고 진동수에 비례한다.

$$E = hf = h\frac{c}{\lambda} \quad (\because \text{플랑크 상수}: h = 6.63 \times 10^{-34} \, \text{J} \cdot \text{s}, \; c = f\lambda \; ; c\text{는 광속})$$

3. 광전효과의 해석(그래프 분석)

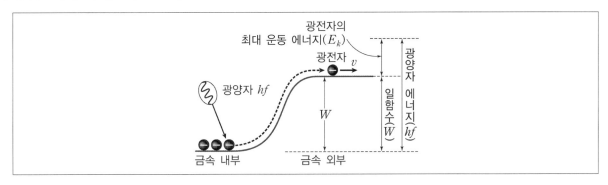

⑴ 광자의 에너지가 전자보다 크면 즉시 전자 방출

➡ 진동수가 큰 광자가 전자와 충돌, 에너지를 전해줌

⑵ 광전자의 최대 운동에너지

$$E_k = \frac{1}{2}mv^2 = hf - W = h(f - f_0) \quad (\because \text{일함수}: W = hf_0)$$

(3) 문턱 진동수가 f_0인 금속의 일함수

$$W_0 = hf_0$$

➡ 금속에 비춘 '빛의 진동수 > 문턱 진동수'이면 광전효과 발생!!

(4) 광전효과 실험에 대한 그래프 모음

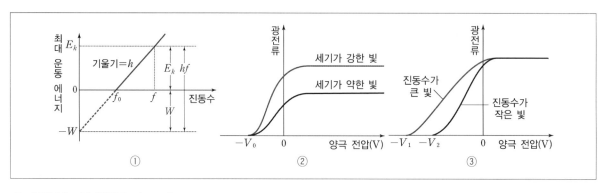

① 〈진동수–최대운동 E〉 그래프

플랑크 상수 h는 기울기, 문턱 진동수는 x절편, 일함수는 y절편이다.

② 비추는 빛의 세기 변화 시

광전류 세기가 변화한다.

③ 세기가 같고 진동수가 다른 두 빛

정지전압 ➡ 전자의 운동에너지 변화

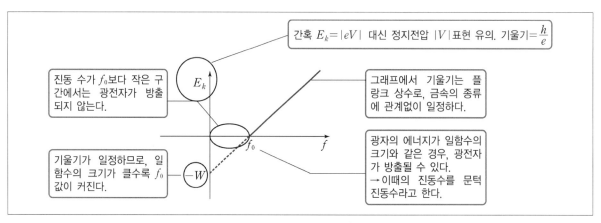

※ 빛의 세기 관계식

$$I = \frac{P}{A} = \frac{NE_e}{tA} = \frac{N}{tA}(hf) \quad (\because E_e : \text{광자 한 개의 에너지})$$

예제 그림 (가)는 일함수가 1.2eV인 금속판에 파장이 λ인 단색광을 비출 때, 전원 장치의 전압에 따른 광전류를 측정하는 것을 나타낸 것이다. 그림 (나)는 (가)에서 측정한 전류를 전압에 따라 나타낸 것이다. V_s는 정지 전압이고, i_m은 최대 전류이다. 그리고 입사하는 광자 중 금속판 내부의 전자와 충돌하는 비율은 $\frac{1}{2000}$%이다.

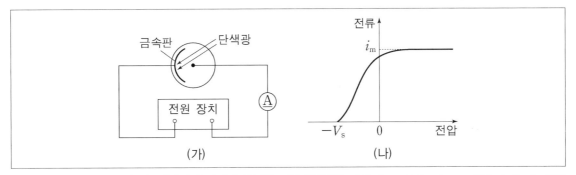

(가) (나)

$V_s = 1.3\,V$, $i_m = 16\mu A$일 때, 단색광의 파장과 출력을 각각 구하시오. (단, $hc = 1240\text{eV} \cdot \text{nm}$이다. h와 c는 각각 플랑크 상수와 빛의 속력이다. 상대론적 효과는 고려하지 않는다.)

정답 1) 496nm, 2) 8W

03 컴프턴 효과(Compton Scattering)

➡ 상대론적 빛의 입자성 실험

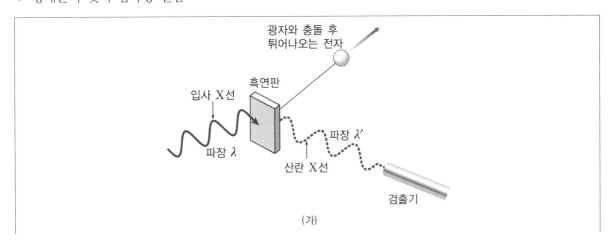

(가)

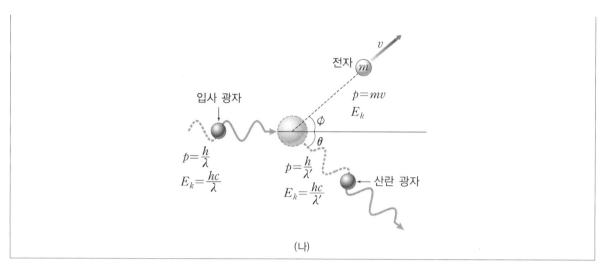

(나)

광전효과와 함께 빛의 입자성의 증거이나 차이점은 특수상대론을 고려한다.

1. 컴프턴 산란

파장이 짧은 X선이 흑연 판을 이루는 탄소 원자에 의해 산란되는 현상

2. 산란된 X선의 파장이 입사한 X선보다 길어졌으며, 산란 각도가 클수록 더 길어진다.

3. 운동에너지가 $E = hf$ 이고, 운동량이 $p = \dfrac{h}{\lambda}$ 인 X선 광자가 탄소 원자의 전자와 탄성 충돌하면 운동에너지와 운동량이 보존된다.

(1) 에너지 보존식

$$\frac{hc}{\lambda} + m_e c^2 = \frac{hc}{\lambda'} + E_e$$

(2) 운동량 보존식

x축 ➡ $\dfrac{h}{\lambda} = \dfrac{h}{\lambda'} \cos\theta + p_e \cos\phi$

y축 ➡ $0 = \dfrac{h}{\lambda'} \sin\theta - p_e \sin\phi$

($\because f$: 입사한 X선의 진동수, f' : 산란된 X선의 진동수, λ : 입사한 X선의 파장, λ' : 산란된 X선의 파장, m_e : 전자의 질량, v : 광자와 충돌한 후 전자의 속도)

$$\Delta\lambda = \lambda' - \lambda = \frac{h}{m_e c}(1 - \cos\theta)$$

(3) **증명**

$$\frac{hc}{\lambda} - \frac{hc}{\lambda'} + m_e c^2 = E_e$$

에너지 보존식으로부터 ➡ $(\frac{hc}{\lambda} - \frac{hc}{\lambda'} + m_e c^2)^2 = E_e^2 = (p_e c)^2 + (m_e c^2)^2$

$$(\frac{hc}{\lambda})^2 + (\frac{hc}{\lambda'})^2 - \frac{2h^2 c^2}{\lambda \lambda'} + 2(\frac{hc}{\lambda} - \frac{hc}{\lambda'})m_e c^2 + (m_e c^2)^2 = (p_e c)^2 + (m_e c^2)^2$$

$$(\frac{hc}{\lambda})^2 + (\frac{hc}{\lambda'})^2 - \frac{2h^2 c^2}{\lambda \lambda'} + 2(\frac{hc}{\lambda} - \frac{hc}{\lambda'})m_e c^2 = (p_e c)^2 \quad \cdots\cdots \; ①$$

운동량 보존식으로부터

$$\frac{h}{\lambda} - \frac{h}{\lambda'} \cos\theta = p_e \cos\phi$$

$$\frac{h}{\lambda'} \sin\theta = p_e \sin\phi$$

$$(\frac{h}{\lambda} - \frac{h}{\lambda'} \cos\theta)^2 = (p_e \cos\phi)^2$$

$$(\frac{h}{\lambda'} \sin\theta)^2 = (p_e \sin\phi)^2$$

두 식을 더하면

$$(\frac{h}{\lambda})^2 + (\frac{h}{\lambda'})^2 - \frac{2h^2}{\lambda \lambda'} \cos\theta = p_e^2$$

여기에 c^2을 곱하면

$$(\frac{hc}{\lambda})^2 + (\frac{hc}{\lambda'})^2 - \frac{2h^2 c^2}{\lambda \lambda'} \cos\theta = (p_e c)^2 \quad \cdots\cdots \; ②$$

②−①을 하면

$$\frac{2h^2 c^2}{\lambda \lambda'}(1 - \cos\theta) = 2(\frac{hc}{\lambda} - \frac{hc}{\lambda'})m_e c^2$$

$$\therefore \; \lambda' - \lambda = \frac{h}{m_e c}(1 - \cos\theta)$$

4. 컴프턴 효과 응용(움직이는 입자와 광자의 충돌)

정지한 S 좌표계에서 파장이 λ_0인 광자가 정지질량이 m이고 속력 v로 움직이는 입자와 충돌하여 운동 반대방향으로 나올 때 충돌 이후 파장 $\lambda_0{}'$을 구해보자.

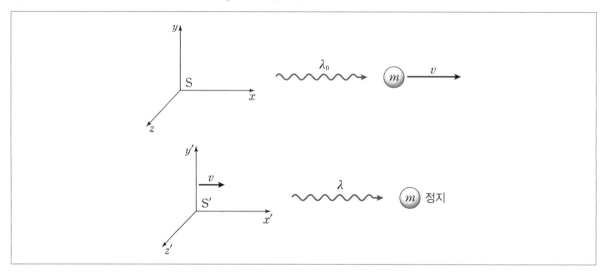

입자와 같은 속력으로 움직이는 S′ 좌표계에서는 컴프턴 효과식을 바로 적용할 수 있다.

$$\lambda' - \lambda = \frac{h}{mc}(1 - \cos\theta) = \frac{2h}{mc} \text{(광자가 충돌 후 반대 방향으로 튀어나오므로 } \theta = 180° \text{이다.)}$$

광자는 눈에 들어와야 관찰이 되므로 항상 관찰자에게 다가오는 방향으로 서 있어야 한다.

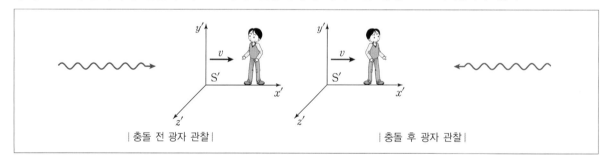

|충돌 전 광자 관찰|　　　　　　　|충돌 후 광자 관찰|

도플러 효과를 이용하면 충돌 전 광자는 S′ 좌표계가 광자로부터 멀어지는 방향이므로 파장이 증가한다.

$$\lambda = \lambda_0 \sqrt{\frac{c+v}{c-v}}$$

충돌 후 광자는 S′ 좌표계가 광자에게 다가가는 방향이므로 파장이 짧아진다.

$$\lambda' = \lambda_0{}' \sqrt{\frac{c-v}{c+v}}$$

$\lambda' - \lambda = \dfrac{2h}{mc}$ 에 대입하면 $\lambda_0{}' \sqrt{\dfrac{c-v}{c+v}} - \lambda_0 \sqrt{\dfrac{c+v}{c-v}} = \dfrac{2h}{mc}$ 이다. 이로써 만약 v와 λ_0가 주어진다면 보다 빠르게 충돌 이후 파장 $\lambda_0{}'$을 구할 수 있다.

연습문제

✦ 정답_ 196p

(07-25)

01 가속기 속에서 빛의 속력 c에 가까운 속력 v로 움직이는 양성자의 드브로이 물질파 파장을 λ라 한다. 이 양성자의 운동에너지와 물질파의 군속도(group velocity) v_g, 위상속도(phase velocity) v_p를 드브로이 파장 λ의 함수로 구하시오. (단, $E = \sqrt{p^2 c^2 + m^2 c^4} = \dfrac{mc^2}{\sqrt{1 - v^2/c^2}}$ 이고, 양성자의 정지 질량은 m, 플랑크 상수는 h로 한다.)

1) 운동에너지 :

2) 군속도 v_g :

3) 위상속도 v_p :

4) 군속도와 위상속도를 각각 빛의 속도 c와 비교하여 설명하시오.

02 100V로 가속된 전자빔(electron beam)을 니켈 결정면에 수직으로 입사시켰더니 전자빔의 결정면에서의
회절각이 30°에서 최대 간섭을 관찰하였다.

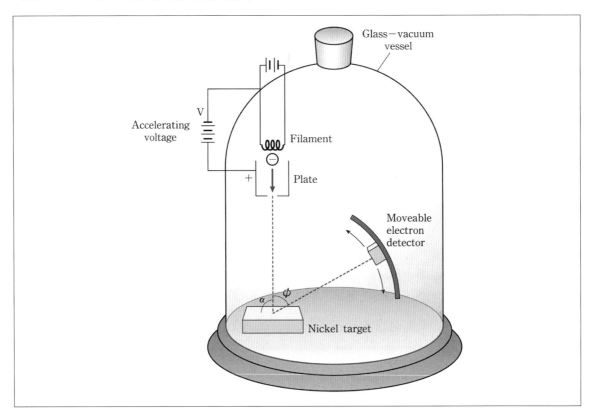

이때 전자의 물질파 파장을 구하고, 결정면 사이의 간격은 몇 nm인지 구하시오. (단, 플랑크 상수 h,
빛의 속력은 c, $hc = 1240\,\mathrm{eV \cdot nm}$, 전자의 질량은 $m_e \approx 5 \times 10^5\,\mathrm{eV}/c^2$이다. 또한 전자의 속력은 빛의
속도에 비해 매우 느려서 비상대론적인 현상으로 간주한다.)

03 다음 그림은 데이비슨(C. Davisson)과 거머(L. Germer)가 드브로이(de Brogile) 가설을 검증한 실험을 개략적으로 나타낸 것이다. 주어진 그림과 같이 전자빔을 단결정 니켈에 입사시켰을 때, 산란된 전자 개수의 분포가 특정 각도에서 극댓값을 가지게 되면, 이는 니켈의 결정면에서 산란되는 전자빔의 회절 현상으로 설명할 수 있다.

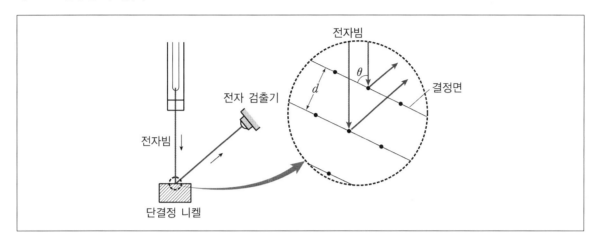

간격이 d인 니켈의 결정면에 대해 단일 에너지를 가진 전자빔을 각 θ로 입사시켰을 때, 전자의 1차 회절 무늬가 뚜렷하게 관측되었다. 이때 입사된 전자의 파장 λ와 운동에너지 K를 구하시오. (단, 플랑크 상수는 h, 전자의 정지질량은 m_e이고, 운동에너지 K는 전자의 정지 질량 에너지에 비해 매우 작다.)

12-38

04 다음 그림은 니켈 단결정에 전자 빔을 조사(irradiation)하여 회절된 빔을 측정하는 것을 나타낸 것이다. 전자의 운동에너지가 49eV 일 때, 회절 각 $\theta = 30°$ 에서 회절 피크(peak)가 관측되었다. 전자 빔 원을 중성자 빔 원으로 교체하고 중성자 검출기를 사용하여 이전과 동일한 시편을 같은 배치로 놓고 실험을 반복하였더니 회절 각 $\theta = 45°$ 에서 회절 피크가 관측되었다. 격자면과 입사 빔 사이의 각과 격자면과 회절 빔 사이의 각(회절각)은 θ 로 서로 같다.

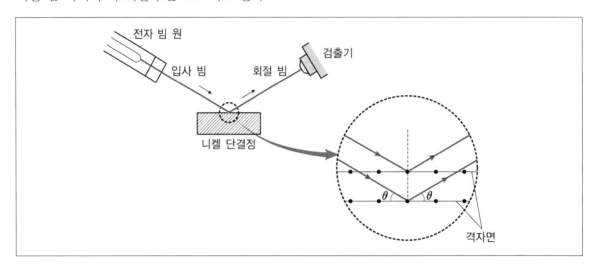

이때 전자의 물질파 파장을 구하시오. 또한 중성자의 운동에너지가 전자의 운동에너지의 몇 배인지 구하시오. (단, 플랑크 상수 h, 빛의 속력은 c, $hc = 1240\,\text{eV}\cdot\text{nm}$, 전자의 질량은 $m_e \approx 5 \times 10^5\,\text{eV}/c^2$ 이다. 또한 전자의 속력은 빛의 속도에 비해 매우 느려서 비상대론적인 현상으로 간주한다. 1차 보강 간섭만을 고려하고 중성자의 질량은 전자 질량의 2,000배로 가정한다.)

14-A15

05 그림 (가)는 광전효과 실험 장치를 나타낸 것이고, 그림 (나)는 금속판에 광자 한 개의 에너지가 5.0eV 인 단색광을 비추었을 때 광전관에 걸린 전압에 따른 광전류의 크기를 나타낸 것이다.

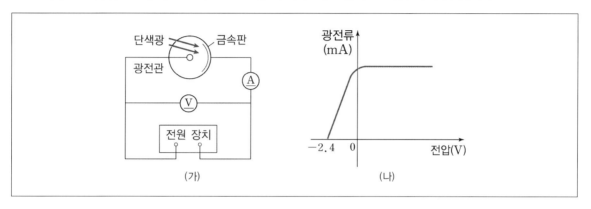

(가)　　　　　　　　　　(나)

이때 금속판에 광자 한 개의 에너지가 6.5eV 인 단색광을 비추었을 때 튀어나오는 광전자의 최대 운동에너지를 구하시오.

06 파장이 248nm이고 세기가 $1.0 \mathrm{W}/\mathrm{m}^2$인 빛이 일함수가 2.2eV인 칼륨 금속의 표면에 입사한다. 최대광전자 운동에너지 E_k를 구하시오. 입사한 광자의 0.5%가 광전자를 만든다면 칼륨의 표면이 $1.0 \mathrm{cm}^2$일 때, 단위 시간당 얼마나 많은 수의 광전자가 발생하는지 구하시오. (단, 전자의 전하량은 $e = 1.6 \times 10^{-19} \mathrm{C}$ 이고, 플랑크 상수 h, 빛의 속력은 c, $hc = 1240 \mathrm{eV} \cdot \mathrm{nm}$ 이다.)

07 그림 (가)는 금속판에 단색광을 비추어 광전자를 방출시키는 광전효과 실험 장치의 일부를 모식적으로 나타낸 것이다. 그림 (나)는 서로 다른 금속판 A, B에 파장이 λ_p, $3\lambda_p$인 빛을 비출 때, 최대 운동에너지를 갖는 광전자의 물질파 파장을 빛의 파장에 따라 나타낸 것이다. A에 파장 $3\lambda_p$의 빛을 비출 때에는 광전자가 방출되지 않는다.

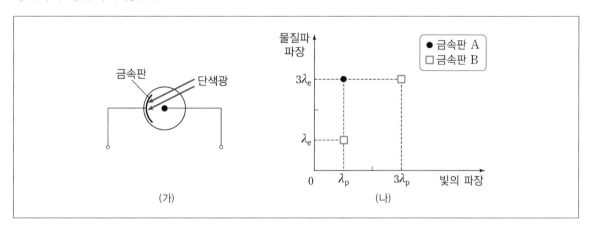

이때 A의 일함수를 빛의 파장에 관계된 식으로 구하여라. (단, h는 플랑크 상수이고, c는 진공 중의 빛의 속력이다.)

08 출력 일률이 P이고 파장이 λ인 광원을 금속 A에 쬐어주고, A와 C 사이에 걸리는 전기 퍼텐셜을 변화시키며 광전류를 측정한 실험의 장치도와 결과 그래프이다.

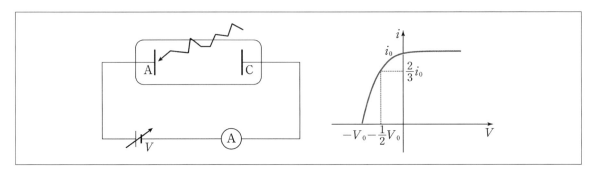

이때 A에 단위 시간에 입사하는 광자의 수를 구하시오. 또한 광자 한 개가 입사했을 때 전자가 $\frac{1}{2}eV_0$보다 큰 운동 에너지를 가지고 금속 A로부터 튀어나올 확률을 구하시오.

15-A10

09 다음 그림은 정지질량이 m인 정지 상태의 전자에 의해 광자가 산란되는 모습을 나타낸 것이다. 광자의 산란 전 에너지는 E_0이고, 전자의 정지질량 에너지는 $40E_0$이다. 산란 전후 광자의 파장 변화량은 $\lambda' - \lambda = \dfrac{h}{mc}(1 - \cos\phi)$이다.

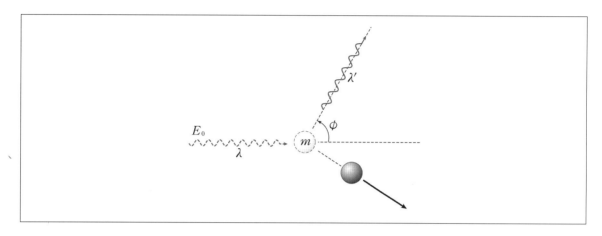

$\phi = 60°$일 때, 충돌 직후 광자의 에너지를 E_0으로 나타내시오.

10 파장이 λ인 광자가 그림과 같이 정지해 있는 질량 m인 전자와 충돌 후 90° 각도로 산란되고, 전자는 θ의 각도로 튕겨 나간다. 광자와 전자는 이때 탄성 충돌한다.

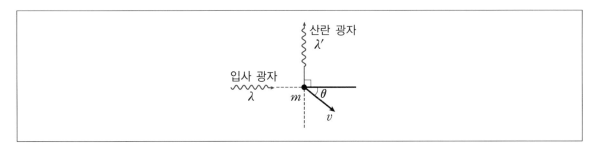

이때 입사한 광자와 산란된 광자의 파장 차이($\Delta\lambda = \lambda' - \lambda$)는 얼마인지 구하시오. 전자가 튀어 나가는 각도 θ일 때 $\tan\theta$의 값을 주어진 λ, m_e, c, h로 구하시오. (단, 빛의 속력은 c이고, 플랑크 상수는 h이다. 또한 전자의 정지질량은 m_e이고 상대론적 효과를 활용하여 계산한다.)

11 파장이 λ인 X선이 정지해 있는 전자와 충돌 후에 산란되었다. 산란된 X선의 최대 파장과 전자의 최대 운동에너지를 각각 구하시오. (단, 플랑크 상수 h, 빛의 속력은 c, 전자의 질량은 m_e이다. 상대론적 효과를 고려한다.)

Chapter 03 · 고체 물리와 원자핵

01 고체 물리

1. 에너지띠(Energy Band)

고체의 에너지띠

⑴ 기체 원자의 에너지 준위

① 속박 전자

원자핵에 구속되어 벗어날 수 없는 전자이다.

② 기체 원자에 속박된 전자의 에너지 준위는 독립된 선 모양

원자 사이에 거리가 멀어 서로 영향이 매우 작다.

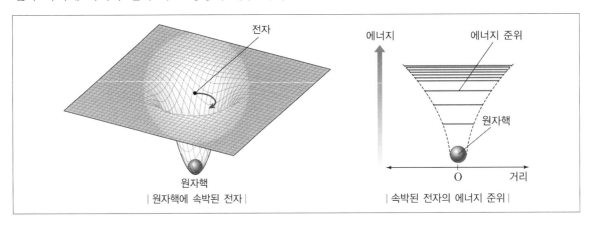

| 원자핵에 속박된 전자 |

| 속박된 전자의 에너지 준위 |

⑵ 고체 원자의 에너지 준위와 에너지띠

① 파울리(Pauli)의 배타 원리

하나의 양자 상태에는 하나의 전자만 채워진다.

➡ 하나의 상태에 동일한 전자가 2개 이상 있을 수 없다.

② 고체 내 원자가 많아질수록 배타 원리에 따라 전자는 미세한 에너지 준위 차를 가짐

에너지띠 ➡ 전자의 에너지 준위가 매우 가깝게 존재하여 연속적으로 볼 수 있는 에너지 영역

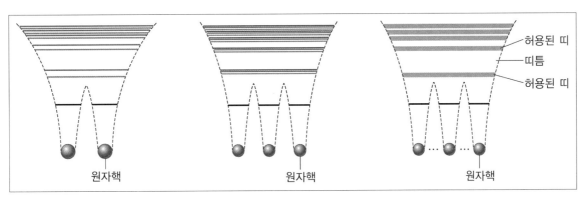

| 고체 원자의 에너지띠(2개, 3개, … n개) |

③ 허용된 띠

에너지띠 중 전자가 존재할 수 있는 영역

　㉠ 원자가띠(Valence Band) : 원자의 가장 바깥쪽에 있는 전자가 차지하는 에너지띠

　㉡ 전도띠(Conduction Band) : 원자가띠 위의 에너지띠 ➡ 원자가띠에 있는 전자가 에너지를 흡수, 전이
　　하여 이동

④ 띠틈(Band Gap)

인접한 허용된 띠 사이의 에너지 간격 ➡ 금지된 띠, 전자가 존재할 수 없는 영역

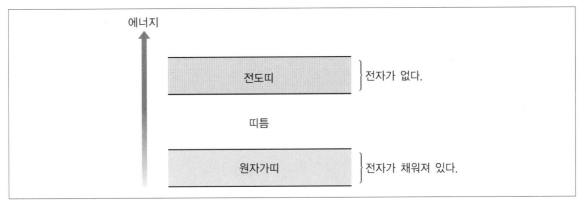

| 원자가띠와 전도띠 / 띠틈 |

(3) 고체의 전도성(전기전도도, Conductivity)

　① 자유전자(free electron)

　　에너지를 얻어 전도띠로 전이된 전자

　② 양공(electron hole)

　　전자가 전도띠로 전이하고 원자가띠에 남는 (＋) 성질 부분, 정공

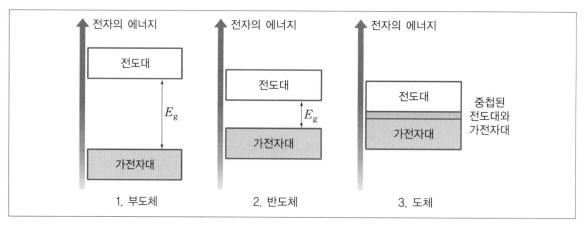

| 고체의 에너지띠 구조 : 금속(도체), 반도체, 절연체 |

③ 고체의 전도성

원자가띠와 전도띠의 간격의 크기(=띠틈)에 따라 3가지로 분류한다.

구분	도체(Conductor)	반도체(Semiconductor)	절연체(Insulator)
띠틈	없거나(겹침) 극히 작음	부도체에 비해 좁다. (띠틈의 에너지 < 5eV)	매우 넓다 (띠틈의 에너지 > 5eV)
자유전자의 이동	쉽게 이동	적당한 에너지 흡수 시 전도 띠로 전자이동 가능	어려움
온도 증가 시	자유전자 – 원자핵과의 충돌 로 인한 저항(R) 증가	자유전자의 수 증가로 저항 (R) 감소	– (저항 약간 감소)
기타 성질	열 및 전기 이동	절대온도 0K에서 절연체 취 급 가능	열 및 전기 이동 어려움
(물질) 예	금, 구리, 철 등(금속)	실리콘(Si), 저마늄(Ge), n–p형, 트랜지스터 등	다이아몬드, 석영, 고무, 나무, 유리 등(비금속)

2. 반도체

(1) 반도체 종류

① 진성 반도체

순수 실리콘으로 전자와 정공의 농도가 같다. 페르미 준위가 띠틈의 중앙에 위치한다.

② N형 반도체

전자의 농도가 정공의 농도보다 크다. 다수 캐리어가 전자가 되고, 소수 캐리어가 정공이다. 페르미 준위
가 가전자대역(원자가띠)에 가깝게 위치한다.

③ P형 반도체

정공의 농도가 전자의 농도보다 크다. 다수 캐리어가 정공이 되고, 소수 캐리어는 전자이다. 페르미 준위
가 전도띠에 가깝게 위치한다.

다수 캐리어의 확인은 홀 효과로 확인한다.

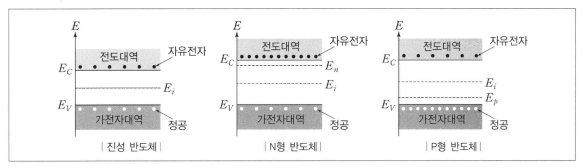

| 진성 반도체 | | N형 반도체 | | P형 반도체 |

⑵ 도핑(doping)

미량의 다른 물질(=불순물)을 첨가하여 물질의 성질(전기전도성)을 개선하는 것

① N형(N-Type, Negative) 반도체

Si(4족)에 5족 원소는 인(P), 비소(As), 안티몬(Sb) 등을 첨가

➡ (4+5 = 8+1, 남는 전자 1개 : 전자의 수 증가)

② P형(P-Type, Positive) 반도체

Si(4족)에 3족 원소는 알루미늄(Al), 붕소(B), 인듐(In)) 등을 첨가

➡ (4+3 = 8-1, 부족한 전자 구멍 1개 : 양공의 수 증가)

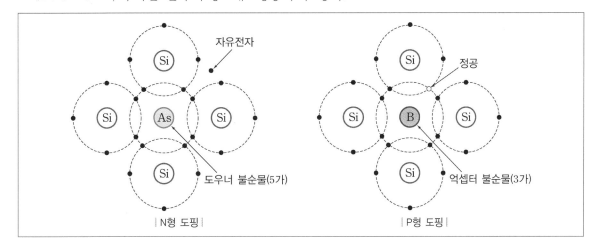

| N형 도핑 | | P형 도핑 |

3. PN 접합 다이오드

P형 반도체와 N형 반도체를 접촉시킨 뒤 양 끝에 전극을 붙인 것

(1) 공핍층

캐리어의 이동에 의해서 P형 반도체의 양공은 오른쪽으로 N형 반도체의 전자가 왼쪽으로 이동하여 왼쪽방향의 전기장을 형성한다. 이 전기장으로 인해 고유전위 V_0가 발생된다.

(2) 고유전위 V_0

공핍층에서 이온화된 원자들에 의해 발생되는 전위차로서 이것이 동작 전압을 결정한다. 고유 전위를 문턱 전압이라 부르기도 한다.

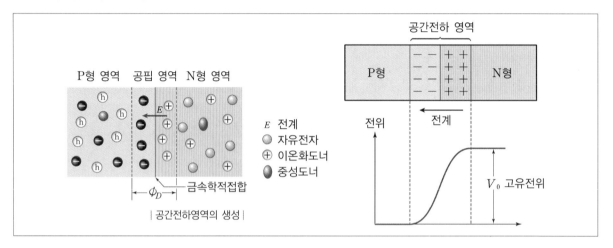

(3) 바이어스 연결

바이어스라는 말은 P-N 접합에 전압을 걸어주는 것을 뜻한다.

① 순방향 바이어스

P형에 +전원, N형에 -전원을 연결할 때

➡ 전위 장벽이 낮아지고, 공핍층의 두께가 작아진다. 동작 전압 이상의 바이어스가 걸리면 양공과 자유 전자 접합면을 잘 통과하여 전류가 잘 흐른다.

② 역방향 바이어스

순방향과 반대로 연결, 전류가 흐르지 않는다.

➡ 전위 장벽이 높아지고, 공핍층의 두께가 커진다.

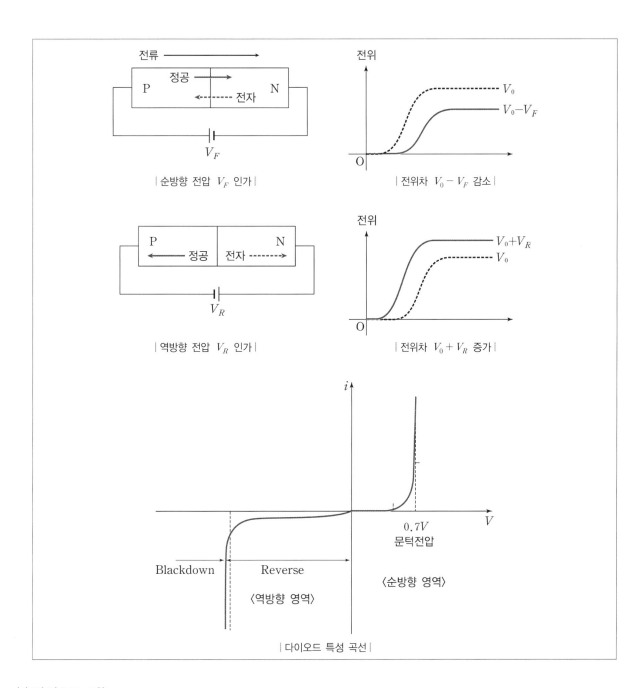

| 순방향 전압 V_F 인가 |
| 전위차 $V_0 - V_F$ 감소 |
| 역방향 전압 V_R 인가 |
| 전위차 $V_0 + V_R$ 증가 |
| 다이오드 특성 곡선 |

⑷ **다이오드 기능**

정류 작용 ➡ 교류(AC)를 직류(DC)로 바꿀 때 사용한다.

⑸ **발광 다이오드(LED)**

PN 접합에서 전자가 가지는 에너지를 빛의 형태로 방출한다.

① 특징

수명이 길고, 크기가 작다.

② 용도

영상 표시 장치, 조명 장치, 레이저 다이오드 제작 등

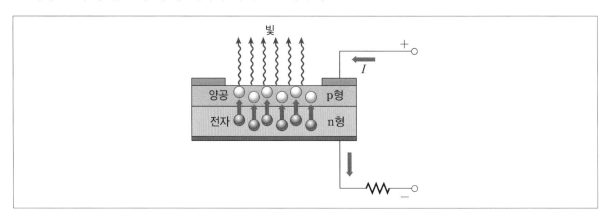

| 발광 다이오드의 구조와 원리 |

4. 트랜지스터(TR : Transistor)

바이폴라 접합 트랜지스터(BJT)는 N형과 P형으로 도핑된 3개의 반도체 영역과 이들에 의해 형성되는 두 개의 PN 접합으로 구성되어 있다.

⑴ 종류

PNP형과 NPN형이 있다.

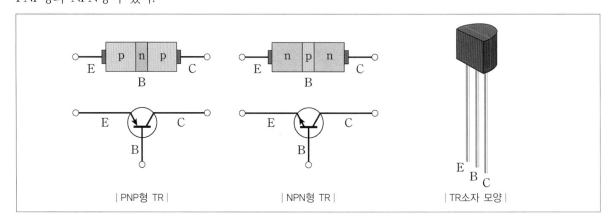

| PNP형 TR | | NPN형 TR | | TR소자 모양 |

⑵ 단자

콜렉터(Collector), 이미터(Emitter), 베이스(Base) 세 개의 단자가 있다.

① 이미터(E)

다수 전하 운반자(전자 또는 정공)를 제공

② 컬렉터(C)

베이스 영역을 지나온 캐리어가 모이는 영역

③ 베이스(B)

이미터에서 주입된 캐리어가 컬렉터로 도달하기 위해 지나가는 영역

➡ BJT의 전류 증폭률을 크게 만들기 위해 폭이 매우 얇게 만들어진다.

(3) 특징

E-B 사이의 전압(V)을 조절하여 컬렉터(C)에 흐르는 전류(I)를 조절한다.

TR의 종류와 관계없이 전류 보존식 $I_E = I_B + I_C$ 이 성립한다.

연결 방법 ➡ E-B쪽 순방향 / B-C쪽 역방향이 되도록 연결한다.

(4) 기능

증폭 작용과 스위치 작용 ➡ 다이오드와 조합하여 디지털 논리회로, 집적회로 등에 쓰인다.

동작상태	BE 접합	BC 접합	동작
차단상태	역방향 바이어스	역방향 바이어스	스위치 OFF
활성상태	순방향 바이어스	역방향 바이어스	증폭기
포화상태	순방향 바이어스	순방향 바이어스	스위치 ON

(5) 트랜지스터 특성 곡선

① 트랜지스터의 특성

I_B에 따른 I_C, V_{CE} 두 변수 사이의 전압-전류사이의 관계를 의미한다.

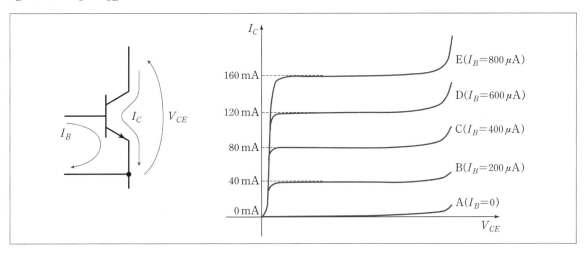

전압-전류 특성을 베이스에 전류를 주입함으로써 변화시켜 줄 수 있다. 위 그림처럼 베이스와 이미터 사이에 전류 I_B를 흘려 그 전류의 양으로 특성 곡선을 변화시킨다. 따라서 베이스 단자는 트랜지스터의 동작을 사용자가 제어하기 위해 사용하는 제어 단자라 할 수 있다.

베이스 전류가 0일 때는 컬렉터와 이미터 사이의 저항이 매우 커서 사실상 개방되어 있는 것과 마찬가지이며, 이 상태를 트랜지스터가 차단 상태(cutoff)에 있다고 한다. 이 경우 특성 곡선은 위 그림의 A곡선과 같이 나타난다. 즉, 트랜지스터에 전압이 인가되어도 전류가 거의 흐르지 않는다. ➡ 스위치 OFF 기능

그러나 베이스에 전류를 주입하면 특성 곡선이 변화해서 그림의 B 곡선과 같은 특성을 나타낸다. 곡선을 보면 전압 증가에 따라 전류가 상승하지만 일정한 크기에 머물러 있게 되며, 이 상태는 전압이 트랜지스터가 견딜 수 있는 한계에 도달할 때까지 지속된다. 베이스 전류를 2배로 하면 특성 곡선이 전체적으로 같은 비율로 증가하여 C 곡선과 같이 된다. 즉 컬렉터 전류가 머물러 있게 되는 전류값도 상승하여 2배가 된다. 이를 통해서 트랜지스터에 흐르는 전류에 주된 영향을 미치는 것은 베이스 전류라는 것을 알 수 있다. 베이스 전류를 어떤 값으로 주고 있을 때 컬렉터 전류는 전압이 아주 낮은 값이 아닌 이상 거의 전 영역에 걸쳐 항상 일정한 전류값을 유지한다. 이 전류값은 베이스 전류의 크기에 비례한다.

활성모드 동작의 예시는 다음과 같다.

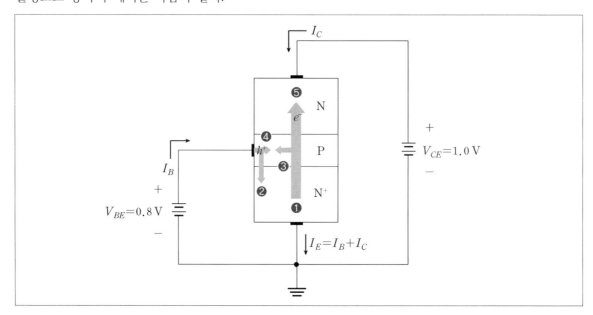

이미터 영역의 도핑농도가 베이스 영역의 도핑농도보다 높기 때문에, ①이 ②보다 월등히 많다. 이미터에서 베이스로 주입된 전자 중 일부(③으로 표시)는 베이스 영역의 정공(④로 표시)과 재결합하여 소멸된다.

이미터에서 베이스로 주입된 전자 중, 베이스에서 재결합된 일부를 제외한 나머지(⑤로 표시)는 컬렉터로 넘어가 컬렉터 전류 I_C를 형성한다.

② 베이스 전류, 컬렉터 전류 간의 비례 관계식

$I_C = \beta I_B$

β는 전류 증폭률(current gain)이라는 비례 상수로 트랜지스터 모델마다 고유한 값을 갖는다. 일반적인 소신호 트랜지스터에서 β의 범위는 대략 30~300 정도이다.

③ 이미터 공통 회로와 부하선

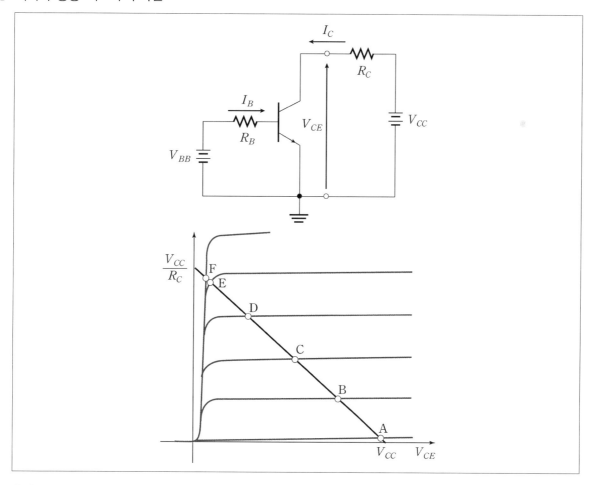

$I_B R_B = V_{BB} - 0.7$

여기서 0.7V는 트랜지스터의 베이스와 이미터 사이의 PN 접합 문턱 전압이다.

$V_{CE} = V_{CC} - I_C R_C$

위 그림은 기본적인 NPN 트랜지스터이다. 이 회로는 베이스 전류를 가하기 위한 V_{BB}-R_B-베이스-이미터로 구성되는 구동회로와 오른편의 V_{CC}-R_C-컬렉터-이미터로 구성되는 주회로로 이루어져 있다.

주회로에서 트랜지스터를 제외한 나머지 부분(V_{CC}, R_C)의 전압-전류 특성은 위 그림의 직선처럼 나타내며 이를 부하선(load line)이라 한다. 부하선과 트랜지스터의 특성 곡선이 만나는 점이 회로의 동작점인데, 베이스 전류가 0일 때 동작점이 A점이 되고 베이스 전류를 증가시킴에 따라 동작점은 B, C, D 등으로 이동한다.

A점은 트랜지스터가 개방되어 차단 상태이므로 전류 I_C는 거의 0에 가깝고 전원 전압 V_{CC}가 트랜지스터 양단에 그대로 나타난다. 베이스 전류가 증가하여 동작점이 이동하는 과정에서 I_C는 베이스 전류에 비례하여 증가한다.

동작점이 E지점에 이르면 베이스 전류를 증가시켜도 동작점이 더 이상 이동하지 않고 F지점에 고정된다. 즉 I_B가 증가하여도 I_C는 더 이상 증가하지 않는다. 이를 트랜지스터가 포화상태(saturation)가 되었다고 한다. 포화상태에서 트랜지스터는 단락된 스위치(ON)와 같고 트랜지스터 양단 전압은 0에 가까운 값이 된다. 이때 전류 I_C는 베이스 전류와 무관하게 전원 전압 V_{CC}와 R_C에 의해서만 좌우된다. 차단상태와 포화상태 중간에 있을 때 트랜지스터는 활성(active)상태에 있다고 한다. 이 상태에서 베이스 전류를 조절하여 트랜지스터를 통해 흐르는 주전류를 제어하는 것이 트랜지스터 제어의 기본이다. 이 영역에서 트랜지스터는 증폭 동작을 하고 있다.

예제 다음 그림과 같이 트랜지스터, 전압이 일정한 직류 전원, 저항, 전류계 X, Y, Z로 회로를 구성하였다. X에는 50mA, Z에는 550mA의 전류가 흘렀다.

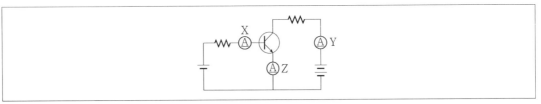

트랜지스터가 활성(Active)상태에 있을 때, Y에 흐르는 전류의 세기와 트랜지스터의 전류 증폭률(current gain)을 각각 구하시오.

정답 1) 500mA, 2) $\beta = 10$

5. 레이저

레이저 원리 ➡ 유도방출에 의한 빛의 증폭 복사(Light Amplification by the Stimulated Emission of Radiation)

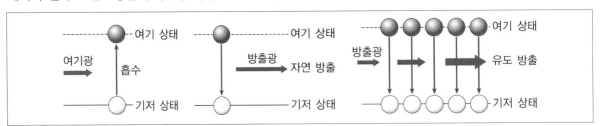

➡ 원자와 전자기파 복사와의 상호작용

➡ 원자들이 전자기파 복사의 에너지를 받거나 자신의 에너지를 전자기파에 방출함으로써 이루어진다.

➡ 원자들이 에너지 준위 사이를 전이

3가지 상호작용으로 구분한다.

⑴ **흡수(Absorption)**

전자기파 복사의 에너지를 받아 E_1 준위에서 E_2 준위로 전이

⑵ **자발방출(Spontaneous emission)**

E_2 준위에 있는 원자가 E_1 준위로 자발적으로 떨어지는 과정이고 이 과정에서 두 에너지 준위 차이에 해당하는 에너지가 전자기파의 형태로 방출

⑶ **유도방출(자극방출)**

외부의 에너지에 의해 자극을 받은 E_2 준위에 있는 원자가 E_1 준위로 떨어지는 과정이고 이 과정을 일으키게 하기 위해서는 두 에너지 준위 차이에 해당하는 에너지를 외부(전자기파 복사)에서 공급해 주어야 한다. 유도방출 과정에 의해 두 개의 빛(광자)이 방출된다. 외부의 진동수 f에 의해서 유도된 빛은 공명 상태를 만족하여 같은 위상과 같은 진동수로 방출되어 증폭(서로 보강간섭)이 일어나게 된다.

유도 방출된 광자 에너지 ➡ $E_2 - E_1 = hf$

E_1에 있는 에너지의 상태 밀도는 $e^{-\beta E_1}$에 비례하고, E_2에 있는 에너지의 상태 밀도는 $e^{-\beta E_2}$에 비례한다.

$$\text{방출되는 빛 중 유도방출의 비율}: \frac{\left(\dfrac{dN_2}{dt}\right)_{\text{유도}}}{\left(\dfrac{dN_2}{dt}\right)_{\text{자발}} + \left(\dfrac{dN_2}{dt}\right)_{\text{유도}}} = e^{-\beta hf} = e^{-\frac{hf}{kT}}$$

상온에서 가시광선 영역의 빛을 유도 방출시키기는 매우 어렵다. 대부분 자발방출로 전이된다. 이렇게 되면 흡수에 의해 전이되어 대부분 자발 방출에 의해서 다시 내려가므로 E_1 상태의 전자와 E_2 상태의 전자가 비슷하게 된다. 레이저로 방출시키기 위해서는 E_2 에너지 준위에 있는 전자가 E_1에 있는 전자보다 항상 많은 상태 밀도 반전이 일어나야 한다.

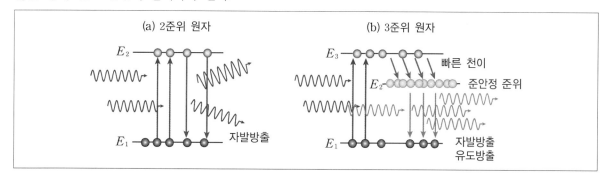

그래서 준안전상태의 에너지 준위를 하나 추가해서 레이저를 생성하게 된다.

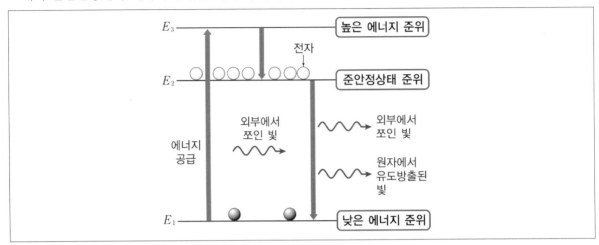

E_1을 낮은 에너지 준위, E_2는 준안정상태 준위, E_3는 높은 에너지 준위이다.

높은 에너지 준위로 올리게 되면 전자는 빠르게 준안정상태로 전이하게 된다. 그런데 준안정상태와 낮은 에너지 상태를 선택규칙에 의해서 자발적으로 전이가 불가능하게 하면 준안정상태의 전자수가 낮은 에너지 준위의 전자 수보다 많아지는 현상 즉, 상태 밀도 반전이 일어나게 된다. 따라서 외부 자극에 의해서만 양자상태가 변환되어 일시적으로 유도 방출되어 레이저를 생성할 수 있다.

물질에 따라 아래의 상황도 존재한다.

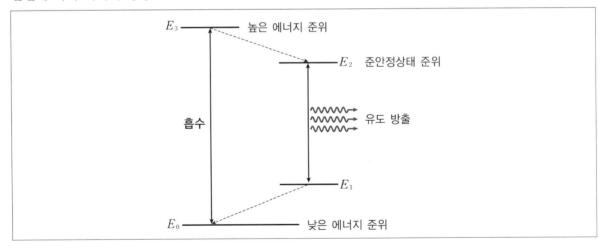

02 원자의 구조와 성질

1. X선

⑴ X선 발생장치

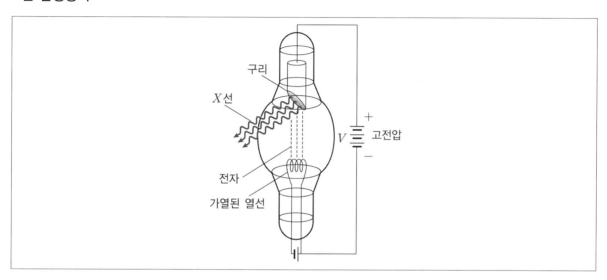

전류에 의해 가열된 열선에서 튀어나온 전자가 고전압에 의해 가속된 후 구리와 충돌하여 X선을 발생시킨다. 이 과정에서 발생되는 X선은 연속된 파장에서 관측되는 제동복사와 특정 파장에서만 관측되는 특성 X선으로 나눌 수 있다.

⑵ X선 종류

① 연속 X선

제동복사에 의해 발생되는 X선으로 고속의 대전된 입자를 강한 전기장으로 가속이나 감속시켰을 때 발생되는 X선을 말한다. 연속적인 X선 파장을 나타낸다.

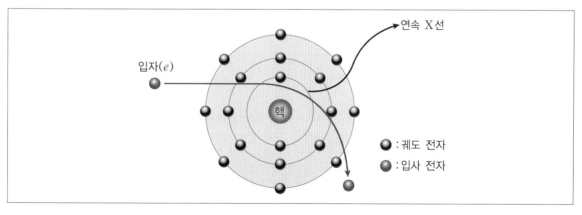

| 연속 X선(제동복사)의 방출되는 최소 파장 |

전위차 V로 방출된 입자의 에너지는 eV, 제동 복사에 의해서 방출되는 X선의 에너지는 $hf = \dfrac{hc}{\lambda}$이다.

$$eV \geq hf = \dfrac{hc}{\lambda}$$

$$\lambda_{\min} = \dfrac{hc}{eV}$$

② 특성 X선

전자가 K궤도 에너지 준위의 전자를 원자핵으로부터 이탈시켜서 L, M 궤도의 전자가 전이하여 발생되는 X선을 의미한다. 이때 빛의 파장이 최대인 것이 K_α, 그다음이 K_β라 한다.

에너지 준위에서 발생되는 X선이므로 선스펙트럼과 같이 불연속이다.

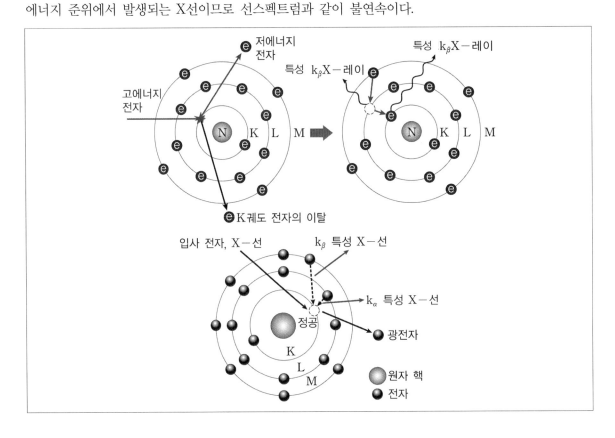

③ 방출되는 빛의 파장별 그래프

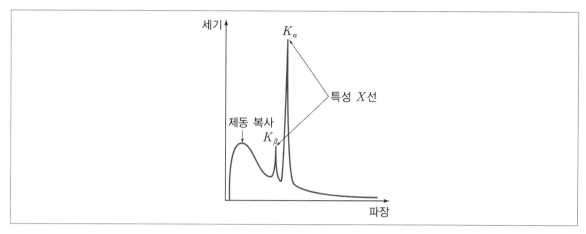

통계적 확률에 의해서 M에서 K로 가는 것보다 L에서 K로 가는 확률이 더 크다. 그래서 K_α의 세기가 K_β의 세기보다 더 크다. 에너지 차이 ΔE가 날 때 통계적 확률은 $e^{-\beta\Delta E}$에 비례한다.

2. 표준 모형

자연계에 존재하는 힘과 물질을 구성하는 입자를 설명하는 물리학을 표준 모형이라 한다. 물리학자들은 세계는 무엇으로 이루어져 있으며, 서로 간에 어떻게 결합이 되어 있는지에 대해 설명하는 표준 모형(The Standard Model)이라고 불리는 이론을 발명하였다. 그것은 간단하며, 포괄적인 이론이다. 또한 이 이론은 수많은 입자들과 복잡한 상호작용들을 설명한다.

⑴ 표준 모형의 자연계에 존재하는 근본적인 4가지 힘

자연계의 기본적인 힘은 중력, 전자기력, 강한 상호작용, 약한 상호작용이다.

➡ 이전까지 배웠던 자연계의 모든 힘은 4가지의 기본 힘에 포함!! (대개는 전자기력이다.)

① 중력

질량을 가진 물체 사이에 작용하는 인력 ➡ 만유인력의 일종

② 전자기력

전기력과 자기력을 통합하는 하나의 힘

③ 강력(강한 상호작용)

쿼크 사이와 핵자(양성자와 중성자) 사이에 작용하는 힘. 매우 가까운 거리에서만 작용, 전자기력보다 크다.

④ 약력(약한 상호작용)

입자가 붕괴하는 과정에서 중성자가 전자와 중성미자를 방출하면서 양성자가 되는 과정에서 생기는 힘, 전자기력보다 작다. (➡ 베타(β) 붕괴에 관여하는 힘)

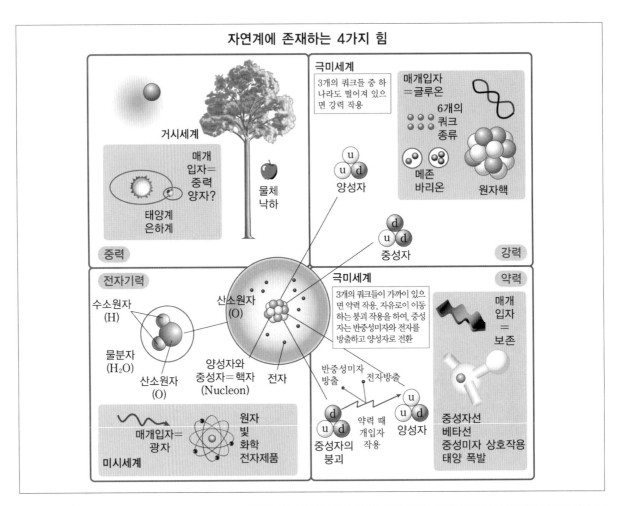

기본힘	작용하는 입자	전령입자 (교환입자)	작용범위	크기	작용의 예	
					안정된 계	적형적인 작용
강력	쿼크와 글루온	글루온 (Gluon)	10^{-15}m	1	중입자, 핵	핵작용
전자기력	전하를 띤 입자들	광자 (Photon)	무한대	$\frac{1}{137}$	원자	화학반응
약력	광자를 제외한 모든 입자	W, Z 입자	$< 10^{-18}$m	$\sim 10^{-6}$	없음	베타 붕괴
중력	모든 입자	중력자 (Graviton)	무한대	$\sim 10^{-38}$	태양계	낙하

즉, 세상을 이루는 근원적인 것들은 결국 6개의 쿼크(quarks), 6개의 경입자(leptons), 4개의 매개 입자이다.

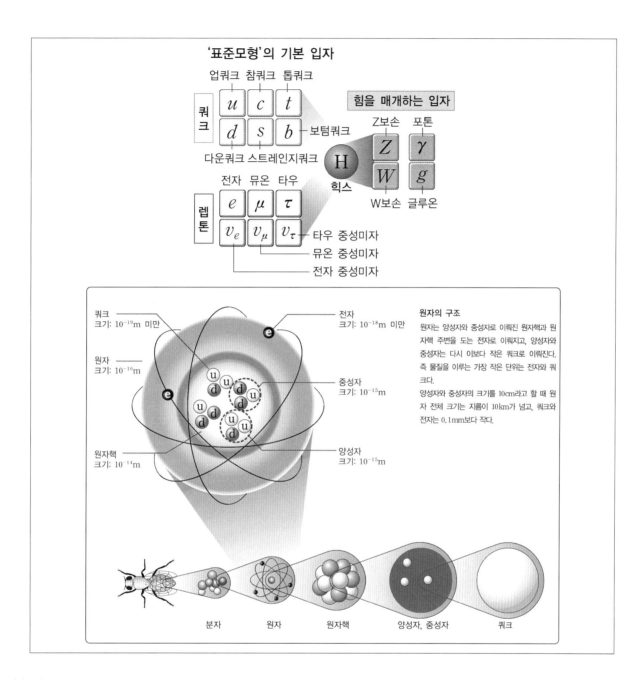

(2) 쿼크

원자핵을 구성하는 양성자와 중성자는 각각 3개의 쿼크로 이루어져 있다. 쿼크는 모두 상호 작용을 하며, 전하량은 $+\dfrac{2}{3}e$, $-\dfrac{1}{3}e$이다. 자연에는 6개의 쿼크가 존재하고 전하량은 분수로 존재한다.

전하량	이름	기호
$+\dfrac{2}{3}e$	위쿼크	u
	맵시 쿼크	c
	꼭대기 쿼크	t
$-\dfrac{1}{3}e$	아래 쿼크	d
	야릇한 쿼크	s
	바닥 쿼크	b

쿼크는 3개가 모여서 핵자를 구성한다. 양성자(uud)와 중성자(udd)는 각각 위쿼크와 아래 쿼크의 조합으로 구성된다.

구분	양성자	중성자
모습		
쿼크의 구성	uud(위쿼크 2개 + 아래 쿼크 1개)	udd(위쿼크 1개 + 아래 쿼크 2개)
전하량	$2 \times \left(+\dfrac{2}{3}e\right) + \left(-\dfrac{1}{3}e\right) = e$	$\left(+\dfrac{2}{3}e\right) + 2 \times \left(-\dfrac{1}{3}e\right) = 0$

(3) 경입자(렙톤 : lepton)

중력, 전자기력, 약한 상호 작용을 하며, 강한 상호 작용을 하지 않는다.

전자, 뮤온, 타우는 전자와 같은 전하량을 가지나, 중성미자는 전하도 없고 질량도 매우 작다. 전자, 뮤온, 타우 입자 3종류와 각각에 해당하는 중성미자 3종류가 있어서 총 6종류가 있다.

전하량	이름	기호
$-e$	전자	e
	뮤온	μ
	타우	τ
0	전자 중성미자	νe
	뮤온 중성미자	$\nu \mu$
	타우 중성미자	$\nu \tau$

⑷ **매개 입자**

광자, Z 보손, W 보손, 글루온(gluon), 중력자(미발견)

➡ 입자들 사이에 작용하는 4가지 상호작용 힘은 매개 입자를 서로 교환하여 이루어진다.

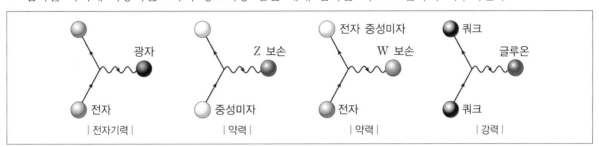

| 파인만 다이어그램 |

힘(상호작용)	매개 입자	(핵 속의) 상대적 크기	정지에너지 (GeV)	적용범위(m)
강한 상호작용	글루온	20	0	10^{-15}
전자기력	광자	1	0	(∞ : 무한대)
약한 상호작용	(W^+, W^-, Z : 보손)	10^{-7}	80~90	10^{-17}
중력	중력자(미확인)	10^{-36}	0	(∞ : 무한대)

3. 핵에너지와 방사선

⑴ **원자핵의 구성**

① 양성자(proton)

수소의 원자핵($^1_1$H)으로 전하량은 $+e$이며 전자 질량의 1,836배이다.

② 중성자(neutron)

전기적으로 중성을 띠며 전자 질량의 1,838배이다.

③ 원자 번호(Z)

양성자수를 의미하며, 이온이 아닌 중성 원자의 경우 양성자수는 전자수와 같다.

④ 질량수(A)

양성자수를 Z, 중성자수를 N이라 하면, 질량수는 양성자수와 중성자수의 합을 말하며 다음과 같이 나타낸다.

$$^A_Z\text{X}$$
$$A = Z + N$$

(2) 핵반응

① 원자핵 반응식

변환 전후의 핵을 X_1, Y_1, X_2, Y_2, 질량수 및 원자 번호를 A, Z라고 하면 다음의 식이 성립한다.

$$_{Z_1}^{A_1}X_1 + {}_{Z_2}^{A_2}Y_1 \ \blacktriangleright \ {}_{Z_3}^{A_3}X_2 + {}_{Z_4}^{A_4}Y_2$$

② 원자 번호(전하)의 합은 보존된다($Z_1 + Z_2 = Z_3 + Z_4$).

③ 질량수의 합은 보존된다($A_1 + A_2 = A_3 + A_4$).

④ 질량은 보존되지 않는다(질량 결손에 해당하는 에너지가 방출됨).

⑤ 운동량은 보존되고, 운동에너지는 보존되지 않는다.

⑥ 질량과 에너지를 모두 고려하면 전체 에너지는 보존된다.

(3) 핵변환과 방사선

① 핵분열

하나의 원자핵이 쪼개지면서 2개의 새로운 원자핵이 형성되는 반응이다.

② 핵융합

두 개의 원자핵이 반응하여 하나의 원자핵을 형성하는 반응이다.

③ 방사선

방사성 원소가 붕괴될 때 방출하는 입자나 전자기파로 α선, β선, γ선이 있다.

붕괴 과정	방출 입자	원자 번호	질량수	핵반응식
α붕괴	$_2^4He$(α 입자 : 헬륨 원자핵)	-2	-4	$_Z^AX \ \blacktriangleright \ {}_{Z-2}^{A-4}X + {}_2^4He$
β붕괴	$_{-1}^0e$(전자)	$+1$	일정	$_Z^AX \ \blacktriangleright \ {}_{Z+1}^{A}X + {}_{-1}^0e$
γ붕괴	전자기파	일정	일정	γ선 에너지 방출

4. 방사성 붕괴

원자번호 Z는 양성자수를 의미한다. 그리고 질량수 A는 양성자수와 중성자수를 합한 핵자수이다. 그런데 원소들은 같은 원자번호에 다른 중성자수를 가진 원소들이 존재한다. 이를 동위원소라 한다. 원자번호가 큰 원소들의 동위원소는 불안정한 특성이 있어 다른 원소들로 쪼개지거나 변화하여 붕괴하는 현상을 나타낸다. 그리고 이 과정에서 우리가 방사선이라고 하는 입자를 방출한다. 방사선 입자는 α입자($_2^4He$), β입자(e^-), γ입자가 존재한다.

불안정한 모원소가 붕괴하여 자원소가 되며 해당하는 방사선 입자를 방출한다. 이때 시간에 따른 모원소와 자원소의 입자수(양)의 그래프는 다음과 같다.

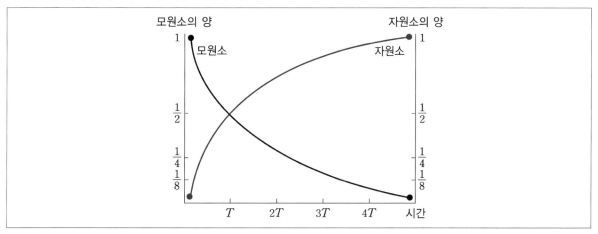

$\dfrac{dN}{dt} = -N\langle\lambda\rangle$ $\left(\because \dfrac{dN}{Ndt} : \dfrac{1초당\ 붕괴개수}{입자\ 개수} = 단위\ 시간당\ 붕괴\ 비율,\ \lambda = \langle\lambda\rangle : 단위\ 시간당\ 평균\ 붕\right.$

괴확률(단위=1/s))

$N = N_0 e^{-\lambda t}$ ...... ①

붕괴율 ➡ $R = \left|\dfrac{dN}{dt}\right| = \lambda N_0 e^{-\lambda t} = \lambda N$ ($\because$ 단위 시간당 붕괴 개수(단위=개수/s))

반감기 ➡ $T = \dfrac{\ln 2}{\lambda}$ ...... ②

$\dfrac{N}{N_0} = \dfrac{1}{2} = e^{-\lambda T}$ ➡ $\lambda T = \ln 2$

②를 ①에 대입하면 $N = N_0 e^{-\frac{\ln 2}{T}t} = N_0 \left(e^{-\ln 2}\right)^{\frac{t}{T}} = N_0 \left(\dfrac{1}{e^{\ln 2}}\right)^{\frac{t}{T}} = N_0 \left(\dfrac{1}{2}\right)^{\frac{t}{T}}$

($\because a^{\log_b c} = c^{\log_b a}$)

$\therefore N = N_0 e^{-\lambda t} = N_0 \left(\dfrac{1}{2}\right)^{\frac{t}{T}}$

방사성 붕괴식과 관련된 정의는 아래와 같다.

붕괴식 : $N = N_0 e^{-\lambda t} = N_0 \left(\dfrac{1}{2}\right)^{\frac{t}{T}}$

붕괴상수 λ : 단위 시간당 평균 붕괴 확률

붕괴율(활성도) R : 단위 시간당 평균 붕괴 입자수 $R = \left|\dfrac{dN}{dt}\right|$ ($\because$ 단위 Bq =붕괴/초)

반감기 : $T = \dfrac{\ln 2}{\lambda}$

※ 방사성 붕괴 종류 : 모원소 X, 자원소 Y

(1) α붕괴

$$_Z^A X \ \blacktriangleright \ _{Z-2}^{A-4}Y + _2^4He$$

α입자는 고에너지 헬륨이온($_2^4He^{2+}$)이다. 핵반응 시 에너지가 매우 커서 큰 운동에너지를 가지고, 또한 반응 시 큰 에너지에 의해서 헬륨이 이온화가 된다.

예 $_{92}^{238}U \ \blacktriangleright \ _{90}^{234}Th + _2^4He$: 우라늄 동위원소가 토륨으로 붕괴하면서 알파입자를 방출한다.

$_{88}^{226}Ra \ \blacktriangleright \ _{86}^{222}Rn + _2^4He$: 라듐 동위원소가 라돈으로 붕괴하면서 알파입자를 방출한다.

$_{86}^{220}Rn \ \blacktriangleright \ _{84}^{216}Po + _2^4He$: 라돈 동위원소가 폴로늄으로 붕괴하면서 알파입자를 방출한다.

(2) β붕괴

$$_Z^A X \ \blacktriangleright \ _{Z+1}^{A}Y + e^- + \overline{\nu}_e$$

β붕괴는 중성자가 변하여 양성자와 전자 그리고 반중성미자(antineutrino)를 방출한다. 간략한 수식 표현은 다음과 같다. 여기서 β선은 고에너지 전자가 되는데 핵붕괴 시 매우 큰 에너지를 가지고 전자가 방출되므로 그렇게 명명한다.

$$n \ \blacktriangleright \ p + e^- + \overline{\nu}_e$$

방사성 붕괴 시 운동량 보존 법칙, 에너지 보존 법칙이 성립해야 한다. 그런데 중성미자를 고려하지 않으면 각운동량과 선형 운동량 보존 법칙이 위배가 된다. 그래서 파울리가 제 3의 입자가 필요하다고 제안하였고, 페르미는 이를 중성미자로 명명하였다.

예 $_6^{14}C \ \blacktriangleright \ _7^{14}N + e^- + \overline{\nu}_e$

(3) γ붕괴

$$_Z^A X^* \ \blacktriangleright \ _Z^A X + \gamma$$

여기서 $_Z^A X^*$는 들뜬 상태의 원자를 의미한다. 그리고 γ선은 파장이 $10^{-11} \sim 10^{-14}m$인 전자기파를 의미한다. 실제로 α나 β붕괴시 자원소는 들뜬 상태가 된다. 그리로 이 들뜬 상태의 원자가 안정한 상태로 전이되면서 감마선을 방출하게 된다.

$$\beta붕괴 : _5^{12}B \ \blacktriangleright \ _6^{12}C^* + e^- + \overline{\nu}_e$$
$$\gamma붕괴 : _6^{12}C^* \ \blacktriangleright \ _6^{12}C + \gamma$$

연습문제

✦ 정답_197p

18-A13

01 다음 그림은 p - n 접합 다이오드, 전지, 스위치로 구성된 회로와 다이오드에 형성된 전기 퍼텐셜을 나타낸 것이다. 전지를 연결하지 않았을 때 p - n 접합면의 공핍층(depletion region)의 폭은 d_0이고, 공핍층의 전기 퍼텐셜 차이는 V_0이다.

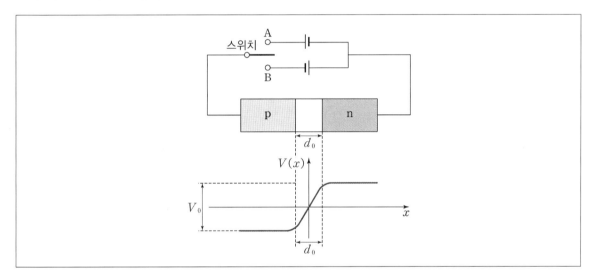

이때 스위치를 전지에 연결하기 전, 공핍층에서의 전기장의 방향을 쓰고, 다이오드에 순방향 전류가 흐르기 위해서 스위치를 A, B 중 어느 단자에 연결해야 하는지를 쓰시오. 또한, 순방향 전류가 흐를 때 공핍층의 전기퍼텐셜 차이와 폭의 변화를 각각 V_0, d_0와 비교하여 설명하시오.

16-A05

02 다음 그림은 절대 온도 0K에서 어떤 물질의 에너지 띠 구조를 나타낸 것이다. 에너지가 $E < 0$일 때는 전자가 물질에 속박된 상태를, $E = 0$일 때는 전자가 속박 상태를 가까스로 벗어난 상태를 나타낸다.

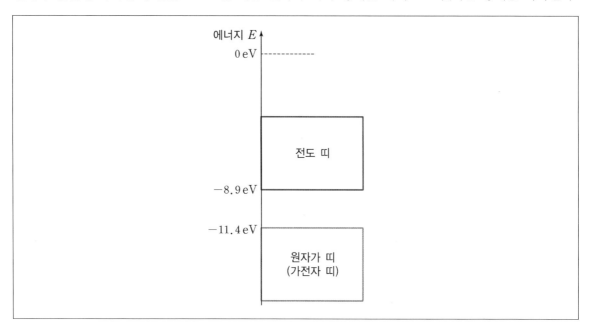

이때 물질이 흡수할 수 있는 빛의 최대 파장 $\lambda_{빛}$을 구하시오. 또한 15.4eV의 에너지를 가진 빛을 비추었을 때 물질로부터 방출된 광전자의 물질파 최소 파장 $\lambda_{물질파}$를 구하시오.

(단, 온도 변화에 따른 에너지 띠 변화는 무시한다. 플랑크 상수 h, 빛의 속력은 c, $hc = 1240\,\mathrm{eV \cdot nm}$, 전자의 질량은 $m_e \approx 5 \times 10^5 \mathrm{eV}/c^2$ 이다.)

03 레이저에서 유도방출과 자발방출의 비가 $R = \dfrac{N_{자발}}{N_{유도}} = e^{\frac{hf}{kT}} - 1$로 주어질 때, 온도 $10^4 \mathrm{K}$ 인 물체에서 방출되는 빛 $500\mathrm{nm}$ 중에 유도방출로 방출되는 빛의 비율을 구하시오. (단, 플랑크 상수 h, 빛의 속력은 c, $hc = 1240 \, \mathrm{eV \cdot nm}$ 이다. 볼츠만 상수 $k_B \simeq 8.8 \times 10^{-5} \, \mathrm{eV/K}$ 이다.)

04 다음 그림은 X선 발생장치를 나타낸 것이다. 전류에 의해 가열된 열선에서 튀어나온 전자가 고전압에 의해 가속된 후 구리와 충돌하여 X선을 발생시킨다. 이 과정에서 발생되는 X선은 연속된 파장에서 관측되는 제동복사와 특정 파장에서만 관측되는 특성 X선으로 나눌 수 있다. 전자의 질량과 전하량을 m, e라 하고 두 전극 사이에 전압 V를 걸어주었다.

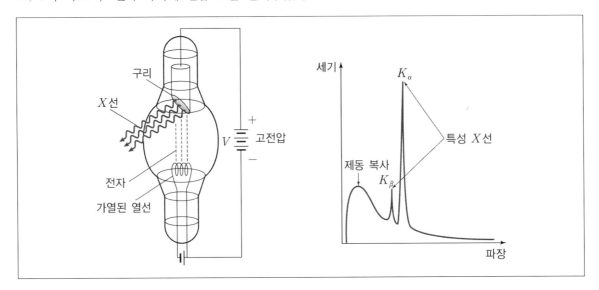

이때 양극에서 발생하는 제동복사 X선의 최소 파장 λ_X과 양극 가까이에서 전자가 갖는 물질파의 파장 λ_p을 각각 구하시오. (단, 플랑크 상수 h, 빛의 속력은 c이며 상대론적 효과는 고려하지 않는다.)

05 어떤 방사능 원소의 반감기가 1.6×10^3 년이다. 이 원소의 붕괴상수를 구하시오. 또한 $t = 0$ 에서 5×10^{20} 개의 방사능 원소를 포함한다고 할 때, $t = 0$ 에서의 붕괴율은 얼마인지 구하시오. 붕괴율이 $\frac{1}{8}$ 로 줄었다면 얼마의 시간이 지났는지 구하시오.

03-7

06 어떤 물질에 방사성 원소가 포함되어 있다. 이 원소의 개수가 원래 개수 N_0의 절반인 $\frac{1}{2}N_0$로 줄어든 순간부터 $\frac{1}{8}N_0$가 될 때까지 20시간이 걸렸다.

1) 이 원소의 반감기를 구하시오.

2) 이 물질의 방사성 원소가 원래 개수 N_0로부터 $\frac{1}{64}N_0$가 될 때까지 걸리는 시간을 구하시오.

(19-A14)

07 밀폐된 용기에 채워져 있는 $^{220}_{86}\text{Rn}$이 입자 (가)를 방출하며 다음과 같은 과정을 통해 붕괴한다.

$$^{220}_{86}\text{Rn} \;\blacktriangleright\; ^{216}_{84}\text{Po} + (가)$$

$^{220}_{86}\text{Rn}$의 반감기는 56초이고, $t = 0$에서 $^{220}_{86}\text{Rn}$의 붕괴율(활성도) $R_0 = 3 \times 10^{16} \text{Bq}$이다. $t = 0$과 $t = 168$초일 때 용기 속의 $^{220}_{86}\text{Rn}$ 핵의 수는 각각 N_0과 N이다. 이때 이 붕괴 과정이 α붕괴인지 β붕괴인지 쓰고, N_0과 N을 풀이 과정과 함께 구하시오. (단, $^{220}_{86}\text{Rn}$은 주어진 과정을 통해서만 붕괴한다. $1\text{Bq} = 1$붕괴/초이고, $\ln 2 \simeq 0.7$이다.)

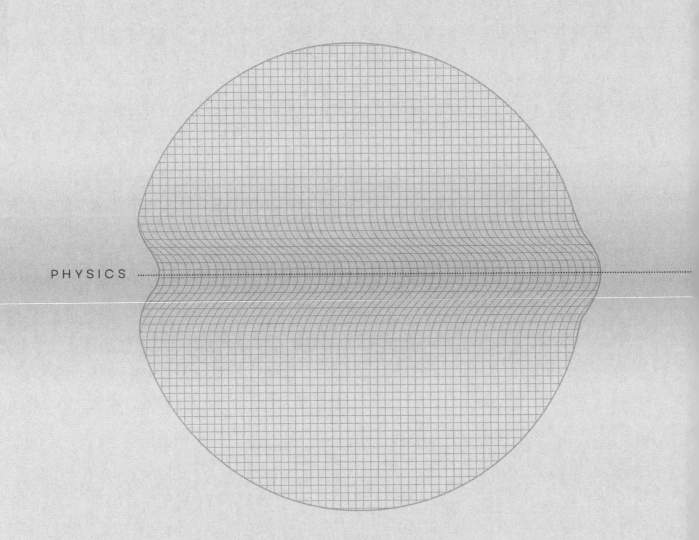

정승현
파동광학
현대물리학

PHYSICS

연습문제
정답

Part 01 | 파동광학 연습문제 정답

Chapter **01** **파동광학 기본 성질**   ✦본문_ 29~39p

01   15개

02   1) 거리의 차 : 2cm, 진폭 : 0, 2) 가능하다, 3) 4개

03   1) $\triangle\phi = \dfrac{2\pi c}{\lambda}t_0$, 2) $\dfrac{I_P}{I_O} = \cos^2\left(\dfrac{\pi c}{\lambda}t_0\right)$

04   1) $d = 100\mathrm{nm}$, 2) $\dfrac{\lambda}{2} = 300\mathrm{nm}$

05   1) $n_1 > n_2$, 2) $x_\mathrm{P} = \dfrac{(n_1 - n_2)d}{D}L$

06   1) $t = 650\mathrm{nm}$, 2) $m_1 = 5,\ m_2 = 4$

07   1) 광경로차 $= 6\times10^{-6}\mathrm{m} = 6\mu\mathrm{m},\ d = 2\mu\mathrm{m}$, 2) $R = 25\mathrm{m}$

08   1) $\overline{\mathrm{OP}} = 2\mathrm{cm}$, 2) $\Delta = 400\mathrm{nm}$, 3) $I_{\max} = 4I_0$, 4) $t_0 = 10^{-15}\mathrm{s}$

09 $I_1 = 4I_0,\ I_2 = (4 + 2\sqrt{3}\,)I_0$

10   1) $\Delta = d_0 + 2vt$, 2) $\Delta\phi = \dfrac{4\pi vt}{\lambda}$, 3) $v = 3\mathrm{m/s}$

11   1) $K = 2k\sin\theta$, 2) $\Lambda = \dfrac{\pi}{k\sin\theta}$, 3) $v = \dfrac{\delta\omega}{2k\sin\theta}$

Chapter **02** **회절과 다중 슬릿** ✦본문_ 51~59p

01 1) $2\mathrm{mm}$, 2) $\Delta x = 1\mathrm{mm}$, $N = 2666$

02 1) $\lambda = 5 \times 10^{-7}\mathrm{m} = 500\mathrm{nm}$, 2) 98개

03 1) $I_0 = 4I_0$, 2) $\dfrac{125}{8} \times 10^{-4}\mathrm{m} = 1.5625\mathrm{mm}$, 641개

04 1) $\dfrac{I_{0(가)}}{I_{0(나)}} = 1$, 2) $p = \dfrac{L\lambda}{2a}$, $r = \dfrac{L\lambda}{a}$, 3) $\Delta = \dfrac{5}{2}\lambda$

05 1) $I = 9I_0$, 2) $\sin\theta = \dfrac{\lambda}{3d}$

06 1) $I = N^2 I_0 = 16I_0$, 2) $\overline{\mathrm{OP}} = \dfrac{L\lambda}{4d}$, $\overline{\mathrm{OQ}} = \dfrac{L\lambda}{d}$, 3) $(N-1)d\sin\theta = (N-1)\lambda = 3\lambda$

07 11개

08 1) $3I_0$, 2) $\phi = \dfrac{\pi}{3}$

09 1) $\sin\theta = \dfrac{\lambda}{d}$, 2) $I = 25I_0$, 3) $I_\mathrm{P} = 9I_0$

Chapter **03** **편광 및 반사와 굴절** ✦본문_ 86~93p

01 1) $\cos^2\theta_1 \cos^2(\theta_2 - \theta_1)\cos^2(\theta_3 - \theta_2)$, 2) $\dfrac{1}{8}$

02 1) $I_1 = \dfrac{1}{2}I_0$, $I_2 = \dfrac{1}{2}I_0\cos^2\omega t$, 2) $L = \dfrac{\pi c}{4\omega}$

03 반시계방향으로 회전하는 좌원형 편광

04 $\dfrac{E_{2x}}{E_{1x}} = \dfrac{4}{5}$

05 1) $3d$, 2) $d = \dfrac{\lambda}{3}$, 3) $\dfrac{E_b}{E_a} = \dfrac{24}{25}$

06 1) $r = \dfrac{k_1 - k_2}{k_1 + k_2}$, $t = \dfrac{2k_1}{k_1 + k_2}$, 2) $T = \dfrac{4k_1 k_2}{(k_1 + k_2)^2}$

07 1) $n = \sqrt{3}$, 2) $\left| \dfrac{E_{굴절}}{E_{입사}} \right| = \dfrac{1}{\sqrt{3}}$, 3) $I = \dfrac{1}{4\sqrt{3}} I_0$

08 ②

Chapter **04** 회절격자   ✦ 본문_ 101~107p

01 $\lambda = 0.5\mu\mathrm{m} = 500\mathrm{nm}$

02 1) $625\mathrm{nm}$, 2) $R = mN = 8000$

03 1) $\Delta = 0$, 2) $\lambda = (\sqrt{3} - 1)\mu\mathrm{m}$

04 1) $2d\sin\theta = \lambda$, 2) $a_0 = \sqrt{5}\,d$, 3) $a_0 = \dfrac{\sqrt{5}}{10}\,\mathrm{nm}$

05 1) $\theta_r = 30°$, 2) $\lambda = 100(\sqrt{3} + 1)\,\mathrm{nm}$

06 1) $\Delta = 2d\sin\theta$, 2) 불가능하다. 둘 다 보강간섭을 일으키게 된다.

07 1) $\theta = 2\theta_b + \phi$, 2) $0.5\mu\mathrm{m}$

Part 02 | 현대물리학 연습문제 정답

Chapter **01** 특수 상대성 이론 ✦본문_126~134p

01   1) $v = \dfrac{1}{5}c$, 2) $\lambda_0 = 100\sqrt{6}\,\text{nm}$

02   1) $u_{x'} = \dfrac{2}{5}c$, 2) $L_{s'} = \dfrac{\sqrt{21}}{5}L_0$

03   1) $v_y = \dfrac{2}{5}\sqrt{3}\,c$, 2) $v = \dfrac{\sqrt{21}}{5}c$, 3) $\dfrac{3}{2}$

04   1) $\dfrac{3}{4}c$, 2) $\tau = \sqrt{7}\,\tau_0$

05   1) $v = \dfrac{4}{5}c$, 2) $p = 4\text{MeV}/\text{c}$

06   1) $\dfrac{M}{m} = 2\sqrt{3}$, 2) $\dfrac{\tau_{lab}}{\tau_0} = \sqrt{3}$

07   1) $K_{\mu^+} = \dfrac{40}{7}\text{MeV}$, 2) $K_\nu = \dfrac{240}{7}\text{MeV}$

08   1) $E_S = \epsilon$, 2) $E_S' = \dfrac{5}{4}\epsilon$, 3) $K_A' - K_B' = \dfrac{1}{4}\epsilon$

09   1) $v = 0.4c = \dfrac{2}{5}c$, 2) $\Delta x' = x'_B - x'_A = \dfrac{2520}{\sqrt{21}}\,\text{m} = 120\sqrt{21}\,\text{m}$

01 1) $E_k = -mc^2 + \sqrt{(mc^2)^2 + \left(\dfrac{hc}{\lambda}\right)^2}$

2) $v_g = \dfrac{\dfrac{hc^2}{\lambda}}{\sqrt{m^2c^4 + \dfrac{h^2c^2}{\lambda^2}}} = \dfrac{hc}{\sqrt{m^2c^4\lambda^2 + h^2}}$

3) $v_p = \dfrac{\sqrt{\left(\dfrac{hc}{\lambda}\right)^2 + (mc^2)^2}}{h/\lambda} = \dfrac{\sqrt{(hc)^2 + (\lambda mc^2)^2}}{h}$

4) $v_g = \dfrac{pc}{\sqrt{m^2c^4 + p^2c^2}}\,c < c, \quad v_p = \dfrac{\sqrt{(pc)^2 + (mc^2)^2}}{pc}\,c > c$

02 1) $\lambda_e = 0.124\,\mathrm{nm}$, 2) $d = 0.248\,\mathrm{nm}$

03 1) $\lambda = 2d\sin\theta$, 2) $K = \dfrac{h^2}{8m_e d^2 \sin^2\theta}$

04 1) $\dfrac{1240}{7} \times 10^{-3}\,\mathrm{nm}$, 2) $\dfrac{1}{4000}$ 배

05 $E_k = 3.9\,\mathrm{eV}$

06 1) $E_k = 2.8\,\mathrm{eV}$, 2) $\dfrac{N_e}{t} = 6.25 \times 10^{11}$ 개/s

07 $\dfrac{11}{12}\dfrac{hc}{\lambda_p}$

08 1) $\dfrac{N_p}{t} = \dfrac{P\lambda}{hc}$, 2) $P_{확률} = \dfrac{2}{3}\dfrac{i_0}{e}\dfrac{hc}{P\lambda}$

09 $\dfrac{80}{81}E_0$

10 1) $\Delta\lambda = \dfrac{h}{m_e c}$, 2) $\tan\theta = \dfrac{\lambda m_e c}{\lambda m_e c + h}$

11 1) $\lambda' = \lambda + \dfrac{2h}{mc}$, 2) $E_k = \dfrac{hc}{\lambda}\left(\dfrac{2h}{\lambda mc + 2h}\right)$

Chapter **03** 고체 물리와 원자핵

✦ 본문_ 183~189p

01 1) $-x$방향 혹은 왼쪽 방향($N \rightarrow P$ 방향), A 단자, 2) $V_0 - V_{외부}$ 낮아지고, d_0보다 감소한다.

02 1) $\lambda_{빛} = 496\text{nm}$, 2) $\lambda_{물질파} = 0.62\text{nm}$

03 $\dfrac{N_{유도}}{N_{자발} + N_{유도}} = e^{-\frac{31}{11}}$

04 1) $\lambda_X = \dfrac{hc}{eV}$, 2) $\lambda_p = \dfrac{h}{\sqrt{2M\text{eV}}}$

05 1) $R_0 = \dfrac{5\ln 2}{16} \times 10^{18}$ (개/년), 2) $t = 4800$년

06 1) $T = 10$ 시간, 2) 60시간

07 1) α붕괴, 2) $N_0 = \dfrac{R}{\lambda} = 2.4 \times 10^{18}$개, $N = N_0 \left(\dfrac{1}{2}\right)^3 = 3 \times 10^{17}$개

정승현
파동광학
현대물리학

초판인쇄 | 2024. 6. 10.　**초판발행** | 2024. 6. 14.　**편저자** | 정승현

발행인 | 박 용　**발행처** | (주)박문각출판　**등록** | 2015년 4월 29일 제2019-000137호

주소 | 06654 서울특별시 서초구 효령로 283 서경 B/D　**팩스** | (02)584-2927

전화 | 교재 문의 (02) 6466-7202, 동영상 문의 (02) 6466-7201

ISBN 979-11-7262-039-4 | 979-11-6987-729-9(SET)

정가 17,000원

저자와의
협의하에
인지생략